Office 2010办公应用

前沿文化 编著

科学出版社
北京

内 容 简 介

本书从零开始，完全从“让自学变得更简单”的角度出发，力求解决初学者“学得会”与“用得上”两个关键问题，采用“图解操作+步骤引导”的全新写作方式，结合工作与生活中的实际应用，系统并全面地讲解了Office 2010办公应用的相关知识。

本书在内容安排上注重读者日常生活、学习和工作中的使用需求，突出“实用、易学”的特点。其主要内容包括认识Office 2010及其组件共性，Word文档的编辑与格式设置，在Word文档中使用图形图片，Word中表格的创建与编辑，Word文档的高级功能，创建与编辑Excel电子表格，Excel 2010公式与函数的应用，使用Excel排序、筛选、统计功能，Excel中图表的创建与应用，PPT幻灯片的创建与编辑，幻灯片的放映与输出等知识。

本书既适合无基础又想快速掌握Office应用的初学者学习，也可作为电脑培训班的教学用书。

图书在版编目（CIP）数据

Office 2010 办公应用/前沿文化编著. —北京：科学出版社，2014.7
（学电脑·非常简单）
ISBN 978-7-03-040351-3

Ⅰ. ①O… Ⅱ. ①前… Ⅲ. ①办公自动化－应用软件－基本知识 Ⅳ. ①TP317.1

中国版本图书馆 CIP 数据核字（2014）第 065427 号

责任编辑：徐晓娟 桂君莉 / 责任校对：杨慧芳
责任印刷：华 程 / 封面设计：张世杰

科学出版社 出版
北京东黄城根北街 16 号
邮政编码：100717
http://www.sciencep.com
北京市艺辉印刷有限公司印刷
中国科技出版传媒股份有限公司新世纪书局发行 各地新华书店经销
*
2014 年 7 月第 一 版 开本：889×1194 1/32
2014 年 7 月第一次印刷 印张：5 3/4
字数：210 000

定价：24.80 元（含 1DVD 价格）
（如有印装质量问题，我社负责调换）

前　言 Preface

《学电脑 • 非常简单》系列图书自 2010 年上市以来，受到广大初学者的认可与好评，套书销量达 37 万册。电脑技术日新月异，为了“让自学变得更简单”，给零基础的读者创作出最新、最实用、最有价值的自学读物，我们搜集了 Office 2010 的最新技能与技术，结合众多自学者的成功经验与一线老师的教学经验，精心升级并编写出《学电脑 • 非常简单——Office 2010 办公应用》(超值升级版)。

致读者的心里话

微软公司推出的 Office 2010 软件是目前市面上应用最广、最受用户欢迎的日常办公软件。可以说，无论是基层员工，还是白领阶层，Office 软件的操作已成为在职人员必会的基本技能。

然而，在高效率、快节奏的今天，由于工作、生活等各种因素，很多人没有充足的空闲时间专门进行培训和学习。经市场调查发现，以最快的速度、最好的学习方法来掌握 Office 应用技能是每一位初学者的强烈愿望。

为了保证读者能在短时间内快速掌握 Office 办公应用的相关技能，本书在内容安排上力求解决“学得会”与“用得上”两个关键问题；在写作方式上采用直观简洁、易学易懂的“图解操作 + 步骤引导”方式进行讲解。可以说，无论是图书内容的安排，还是写作方式的选择，都是经过多位 Office 初学者试读成功而探讨和总结出来的。

为什么说“学电脑 • 非常简单”？

◆ 图解式操作示范，直观形象，易学易懂，无师速成

为了方便初学者学习，图书采用全新的“图解操作 + 步骤引导”方式进行讲解，省去烦琐冗长的文字叙述。读者只要按照步骤讲述的方法操作，就可以一步一步地做出与书中相同的效果，真正做到简单明了，直观易学。

◆ 文字语言通俗易懂，内容实用，面向实战

本书在写作风格上力求语言通俗、文字浅显，避免生僻、专业的词汇术语；在内容安排上，结合生活与工作的实际应用，以“只讲常用的，只讲实用的知识”为原则，并以实例方式讲解相关的操作技巧，以保证知识能学以致用。

◆ 大容量的多媒体教学光盘，令学习更轻松

为了方便读者自学，本书还配有一张同步教学的多媒体光盘。通过教学光盘的动画演示和同步语音讲解的完美结合，给读者直观形象地展示操作的每一步，这样有助于改善初学者的学习效果，提高学习效率。通过书盘互动学习，可以让读者感受到老师亲临现场教学的学习效果。

本书的主要内容

《Office 2010 办公应用》是《学电脑•非常简单》系列书中的一本。全书共分为 11 章，具体章节内容如下。

Chapter 01 新手快速入门——认识 Office 2010 及其组件共性
Chapter 02 文从字顺的文档——Word 文本编辑与格式设置
Chapter 03 图文并茂的文档——在 Word 文档中使用图形图片
Chapter 04 办公表格轻松做——Word 中表格的创建与编辑
Chapter 05 制作高级文档——Word 文档处理的高级功能
Chapter 06 使用智能表格——创建与编辑 Excel 电子表格
Chapter 07 计算表格数据——Excel 2010 公式与函数的应用
Chapter 08 分析与管理数据——使用 Excel 排序、筛选、统计功能
Chapter 09 用图形表达数据——Excel 中图表的创建与应用
Chapter 10 制作媒体幻灯片——PPT 幻灯片的创建与编辑
Chapter 11 灵活展示 PPT 成果——幻灯片的放映与输出

本书由前沿文化与中国科技出版传媒股份有限公司新世纪书局联合策划。在此，向所有参与本书编创的工作人员和相关老师表示由衷的感谢。

最后，真诚感谢读者购买本书。您的支持是我们最大的动力，我们将不断努力，为您奉献更多、更优秀的图书！由于计算机技术发展非常迅速，加上编者水平有限，书中疏漏或不妥之处在所难免，敬请广大读者和同行批评指正。

编著者
2014 年 4 月

目录 Contents

Chapter 06 使用智能表格——创建与编辑 Excel 电子表格

Chapter 07 计算表格数据
——Excel 2010 公式与函数的应用

Chapter 08 分析与管理数据——使用Excel排序、筛选、统计功能

Chapter 09 用图形表达数据 ——Excel中图表的创建与应用

Chapter 10 制作媒体幻灯片 ——PPT幻灯片的创建与编辑

Chapter 01

新手快速入门——认识Office 2010及其组件共性

本章导读

Office是人们日常办公的首选软件，微软公司推出的Office 2010与以前的版本相比，又新增了许多功能。本章主要带领初学用户认识Office 2010，并学习Office 2010组件的常用操作。

知识要点

- 了解Office 2010的常用组件
- 了解Office 2010界面的功能分布
- 学会启动与退出Office 2010
- 掌握新建、打开、保存Office文档的方法

1.1 认识全新的Office 2010

Office 是最常见也是最实用的办公软件。微软公司最新推出的 Office 2010 集成并完善了早期版本的所有功能，下面就来了解一下 Office 2010。

1.1.1 Office 2010的常用组件

在使用 Office 2010 前，首先需要对其中各组件的功能有所了解。认识和了解了用途后，才能更好地将软件的功能应用到实际工作中。

1. 文档编辑与处理——Word 2010

Word 2010 是 Office 2010 套件中的一个重要组成部件，其功能非常强大，通常用于文字处理，也可以用来进行表格制作、图形绘制、图表生成、版式设置以及简单的图片处理等。Word 2010 的界面如下图所示。

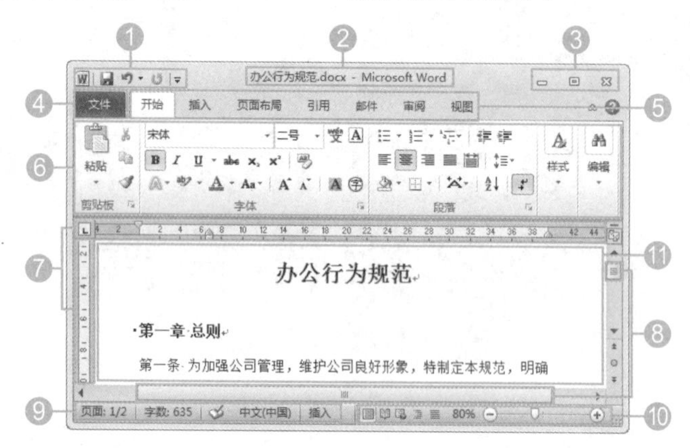

1	快速访问工具栏：用于放置一些常用工具，在默认情况下包括“保存”、“撤销”和“恢复”3个按钮，用户可以根据需要进行添加
2	标题栏：用于显示当前文档名称
3	窗口控制按钮组：包括“最小化”、“最大化”和“关闭”3个按钮，用于对文档窗口的大小和关闭进行相应控制
4	“文件”菜单按钮：用于打开包括“打开”、“保存”等命令的“文件”菜单
5	功能选项卡：用于切换选项组，单击相应标签，即可完成切换
6	功能区：用于放置编辑文档时所需的功能按钮，各按钮按照相应的功能整合成不同的区域

（续）

7	标尺：用于显示或定位文本的位置
8	滚动条：拖动可向上下或左右移动以便查看文档窗口中未显示的内容
9	状态栏：用于显示当前文档的页数、字数、使用语言和输入状态等信息
10	视图控制区：用于切换文档视图方式和缩放文档显示比例
11	文档编辑区：编辑文档的工作区域

2. 数据处理与管理——Excel 2010

Excel 2010 与 Word 2010 的界面既有相似之处，又有不同之处，Excel 2010 也有快速访问工具栏、标题栏等组成部分，不同之处在于名称框、编辑栏和编辑区等部分，本节对 Excel 2010 界面的不同组成部分进行介绍，如右图所示。

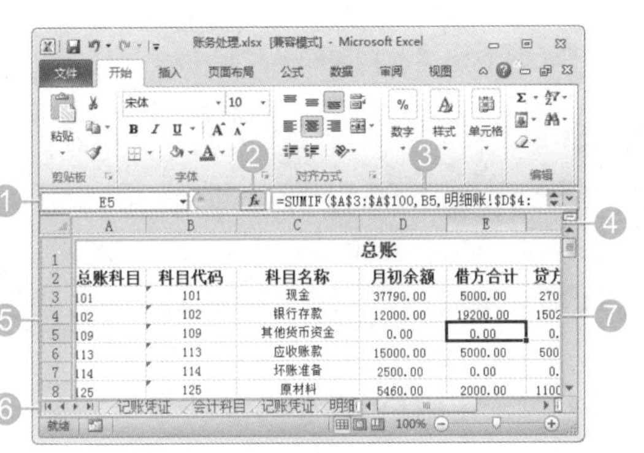

1	名称框：用于显示或定义所选单元格或单元格区域的名称
2	“插入函数”按钮：用于打开“插入函数”对话框，方便选择需要使用的函数
3	编辑栏：用于显示或编辑所选单元格中的内容
4	行标：用于显示工作表中的行，以1、2、3、4……的形式进行编号
5	列标：用于显示工作表中的列，以A、B、C、D……的形式进行编号
6	工作表标签：用于显示当前工作簿中包含的工作表名称，默认情况下包含3个工作表，其标签标题显示为Sheet1、Sheet2、Sheet3，可以进行更改
7	编辑区：对表格内容进行编辑的工作区域，每个单元格都以网格线进行界定

3. 幻灯片制作与放映——PowerPoint 2010

PowerPoint 2010 是演示文稿制作程序，可以用来快速制作出集文字、图形图像、声音以及视频等内容于一体的动态演示文稿，让信息以更轻松、高效的方式表达出来。PowerPoint 2010 的工作界面包括编辑区、幻灯片窗格、备注栏等部分，如下页图所示。

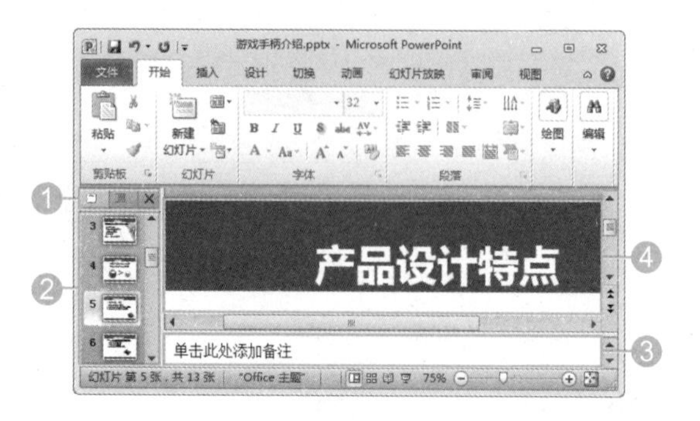

①	“幻灯片/大纲”窗格切换标签：用于预览区的索引，单击即可切换到“幻灯片”窗格
②	“幻灯片/大纲”缩略窗格：用于切换到指定幻灯片，单击即可完成操作
③	“备注”窗格：用于为幻灯片添加备注内容，添加时将插入点定位在其中直接输入即可
④	编辑窗格：用于显示和编辑幻灯片中的文本、图片、图形等内容

1.1.2 Office 2010的新增功能

作为 Office 软件的最新版本，Office 2010 也针对不同的操作需求提供了很多的新增功能，大大方便了办公应用，操作起来更得心应手。

1. 自定义功能区

在 Office 2010 中可以对功能区中提供的功能按钮进行添加或删除操作，安装软件后，系统会根据功能按钮的使用程度，为各选项卡添加相应的功能按钮，如下图所示。

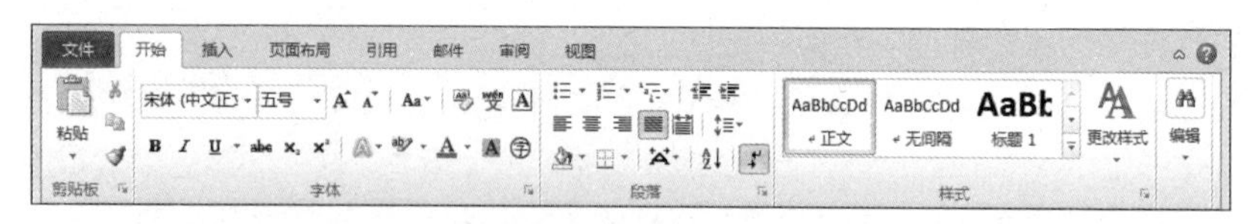

在实际使用过程中，用户可以根据自己的使用习惯，将一些常用的功能按钮添加到功能区中以方便使用，如下图所示就是添加了功能按钮的功能区效果：

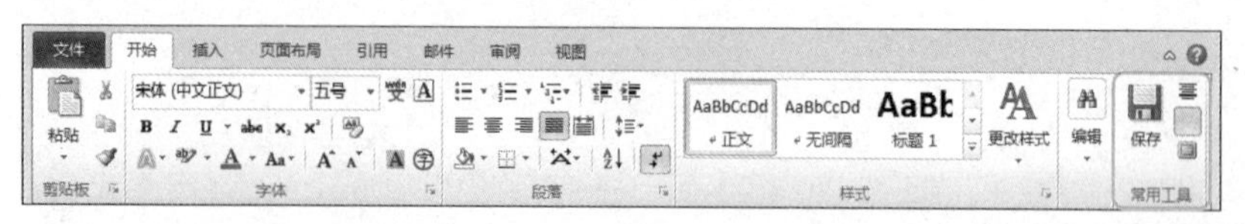

2. 导航窗格

Office 2010 为用户提供了导航窗格，可用于浏览文档标题、浏览文档页面和搜索文档内容，如下图所示。导航窗格中包括搜索文本框和 3 个选项卡，需要搜索长文档中的部分内容时，在搜索文本框中输入需要搜索的内容，系统就会自动执行搜索操作。需要查看长文档的标题或浏览长文档的具体内容时，可在导航窗格中单击相应标签或标题。

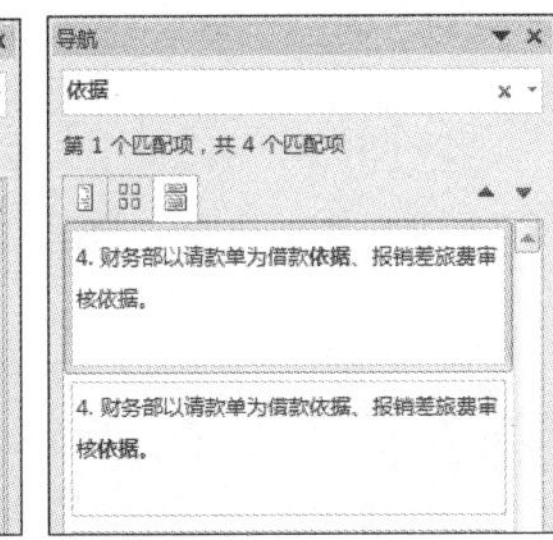

3. 设置文本效果

Office 2010 新增了文本效果的设置功能，在系统中预设了许多文本效果，当选中文本后，直接选择需要使用的预设样式即可。如果需要还可以对文本效果的阴影、映像等效果进行自定义编辑。设置了文本效果和自定义文本效果的文档效果如下图所示。

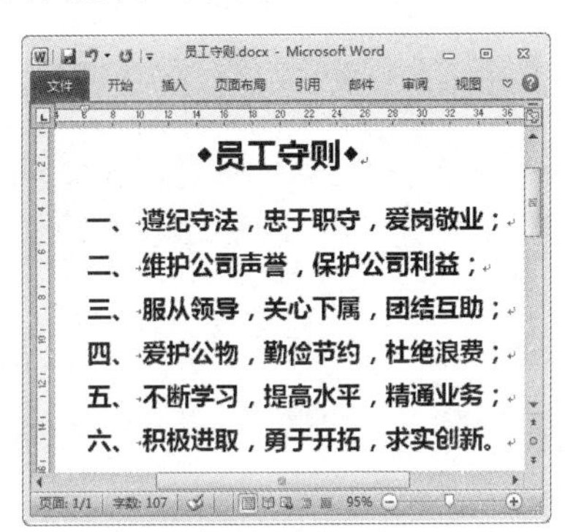

4. 图片艺术效果处理

在 Office 2010 中，除了 2007 版原有的图片样式效果外，还新增加了图片艺术效果处理功能，如标记、钢笔灰度、铅笔素描、线条图、粉笔素描、画图笔画、画图刷、虚化、浅色屏幕、水彩海绵、马赛克气泡、混凝土、影印、发光边缘等 22 种图片效果，为图片添加艺术效果后可以使图片效果更加丰富。

下页左图所示的图片为原始图像，下页中图所示的图片设置了玻璃效果，下页右图所示的图片设置了混凝土效果。

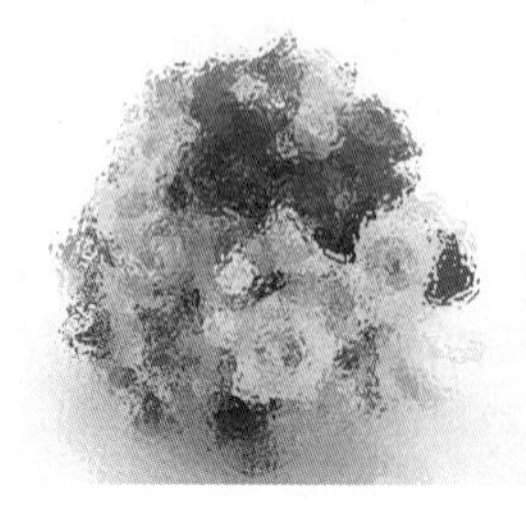

5. 图片转换为 SmartArt 图形

在 Office 2010 中，用户可以方便地将图片快速转换为 SmartArt 图形。将图片转换为 SmartArt 图形后，Word 会根据选择的 SmartArt 图形类型对图片进行裁剪或调整大小。

6. 屏幕截图功能

使用 Office 2010 提供的截图功能可以将当前的电脑屏幕画面插入到文档中，截图时可以截取全屏画面，也可以根据需要自定义截取范围。截取画面后，所截取的屏幕画面将自动插入到当前文档中。

7. Excel 迷你图

迷你图是 Excel 2010 中新增的图表类型，插入迷你图后将在单元格中显示微型图表。迷你图与工作表中的数据相关联，并以图表格式（折线图、柱形图或盈亏图）显示数据的趋势，如右图所示就是折线迷你图的效果。

	A	B	C	D	E	F	G
1	股票走势记录						
2	名称	星期一	星期二	星期三	星期四	星期五	走势图
3	凌钢股份	9.5	9.28	9.4	9.11	9.29	
4	中体产业	7.3	7.12	7	6.97	7.2	

8. Excel 切片器

切片器是 Excel 2010 中的新增功能，可以与数据透视表一起对数据进行汇总和分析。一个 Excel 工作簿中的数据透视表可以创建多个切片器，使用切片器可以对数据进行进一步查看。在切片器中选择需要显示的内容，透视表中即可显示相应数据，如下页图所示。

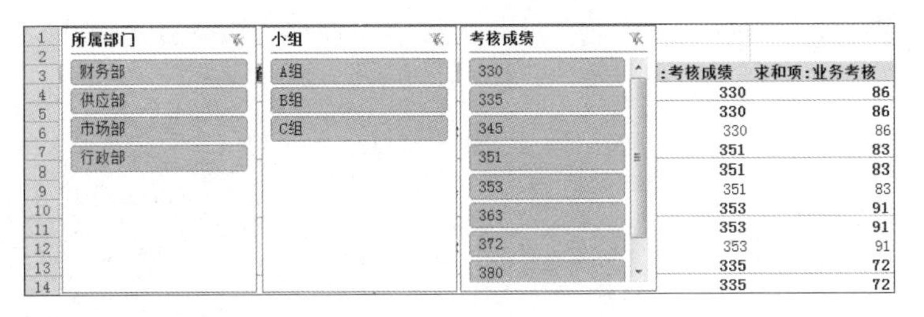

9. 增强的筛选功能

Excel 2010 在筛选器界面中新增了“搜索”框。在“搜索”框中输入文本或数字等关键字进行搜索，程序可以快速地将不符合搜索关键字的内容过滤掉，这样可以减小筛选范围、快速找到指定的内容。

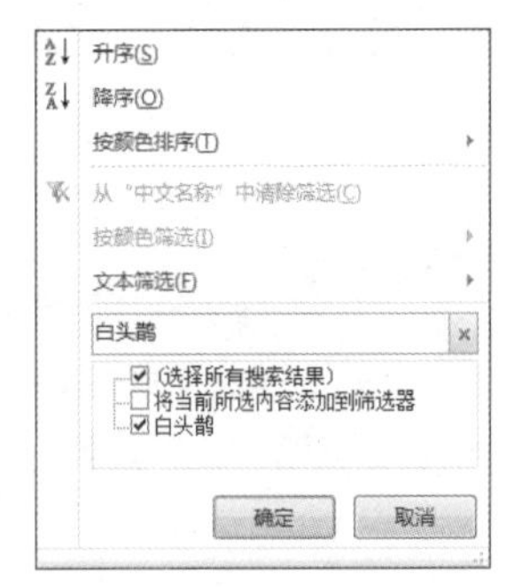

10. PowerPoint 视频编辑功能

虽然以前版本的 PowerPoint 中也可以添加视频文件，但对视频文件的编辑功能有限。在 PowerPoint 2010 中，不但可以对视频文件进行剪辑，而且可以对视频文件的初始画面进行编辑，对视频文件开始播放以及退出时的淡入、淡出效果进行设置，还可以对视频文件的画面色彩、饱和度等进行设置。

在 PowerPoint 2010 中插入视频文件的默认效果如下左图所示，可切换到“视频工具”下的“格式”选项卡，对视频文件的形状、边框、效果等内容进行设置，如下右图所示。

11. 更多的幻灯片主题样式

在 PowerPoint 2010 中新增加了时装设计、波形、极目远眺、茅草等幻灯片主题样式，大大丰富了幻灯片的样式效果，同时也可以使用户发挥更多创意，制作出更好的幻灯片。

1.2 Office 2010组件的共性操作

Office 2010 各个组件的应用类别和功能有所不同，但它们很多操作方法都是相同的。下面就介绍一些 Office 2010 中各个组件的共性操作方法，这里以 Word 为例进行讲解，其他组件的操作与之基本相同。

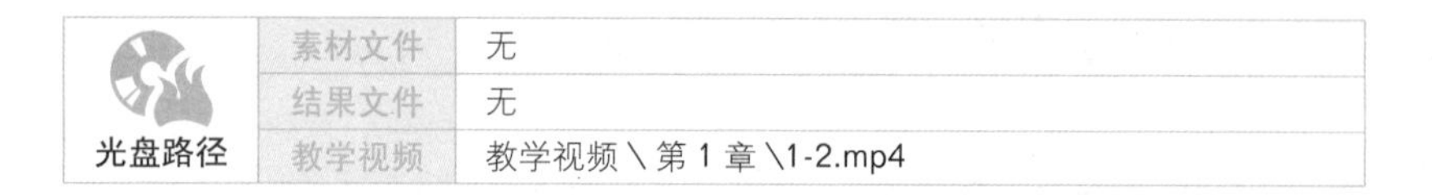

光盘路径		
	素材文件	无
	结果文件	无
	教学视频	教学视频\第 1 章\1-2.mp4

1.2.1 启动Office 2010组件

安装 Office 2010 以后，Office 的所有组件就会自动添加到“开始”菜单的“所有程序”列表中。因此，我们可以通过“开始”菜单来启动相关的组件程序。

例如，要通过“开始”菜单启动 Word 2010 的操作方法如下。

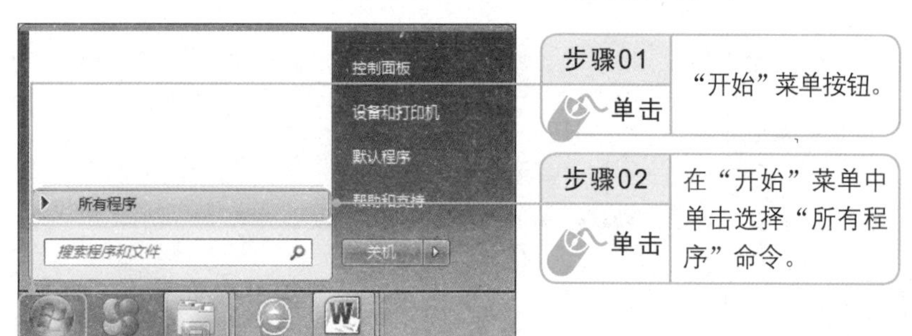

高手点拨

启动Office 2010组件的其他方法

如果桌面上有Office 2010组件程序图标，则可以双击图标启动程序。也可以在“我的电脑”或“资源管理器”窗口中双击Office文档文件图标，在打开该文件内容的同时打开相应的程序窗口。

1.2.2 新建Office文档

默认情况下，当启动 Word 时就新建了一个空白文档。用户也可以根据需要创建其他文档。在创建文档时，既可以创建空白文档，也可以根据模板创建文档。下面以在 Word 2010 中创建空白文档为例进行介绍，操作方法如下。

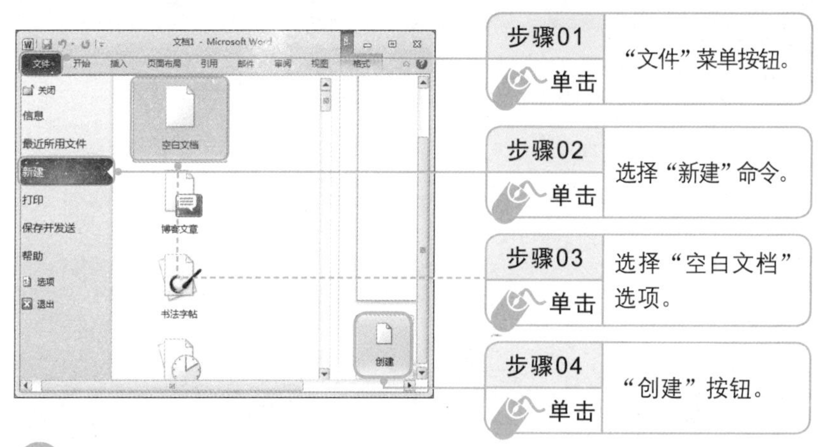

新手注意

在新建文档时，用户可以根据工作需要，选择相应的模板进行创建，这样在制作一些文档时会更加快捷。

1.2.3 打开Office文档

当需要将以前制作的文档内容再次打开进行编辑或查看时，就需要执行文档的打开操作，常用打开文档的操作方法如下。

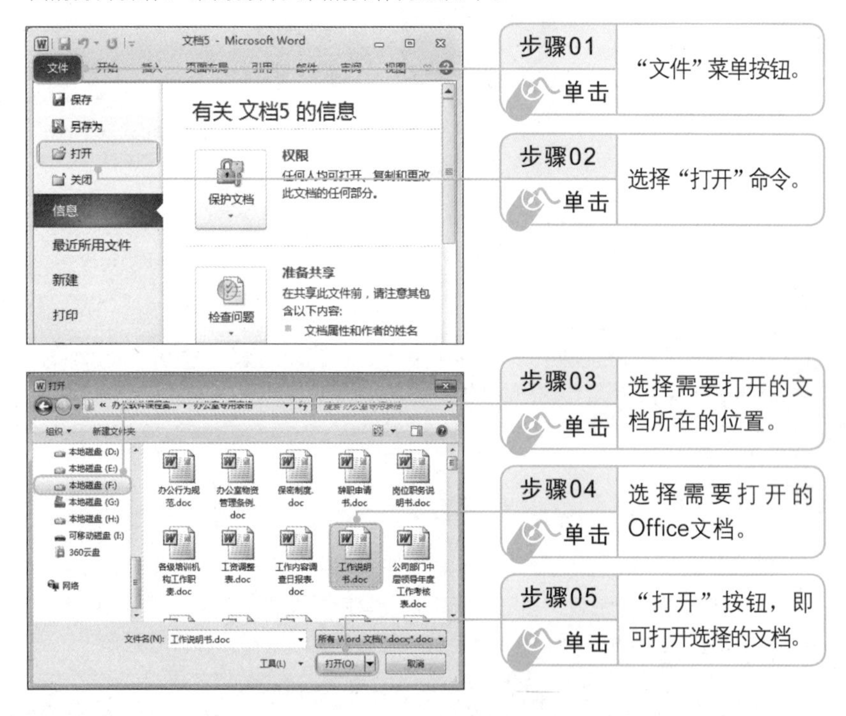

1.2.4 保存Office文档

当编辑完文档内容后，为了防止所编辑的文档内容丢失和方便以后继续编辑和查看，就需要将文档进行保存，操作方法如下。

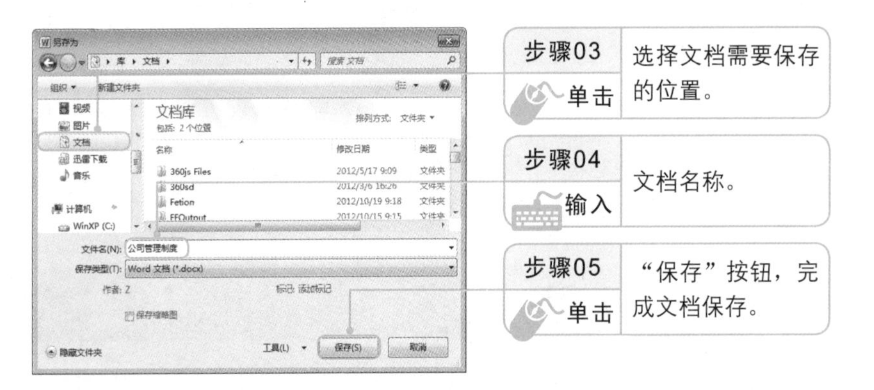

新手注意

如果对已有文档进行编辑修改后，若希望保持原有文档内容不变，又需要保存现有文档内容时，则必须单击“另存为”命令[另存为]，将当前文档的内容以另一个文档进行保存。

1.2.5 文档的关闭与退出

当编辑完文档并保存后，如果不再编辑就应该将其关闭，减少打开的窗口数量，以提高电脑的运行速度。

单击程序主窗口右上角的“关闭”按钮[×]，即可关闭当前活动的文档窗口。如果需要关闭所有打开的相同类型的文档，并且不需要使用对应的组件程序时，可直接退出整个组件程序。

要退出 Word 2010 时，具体操作方法如下。

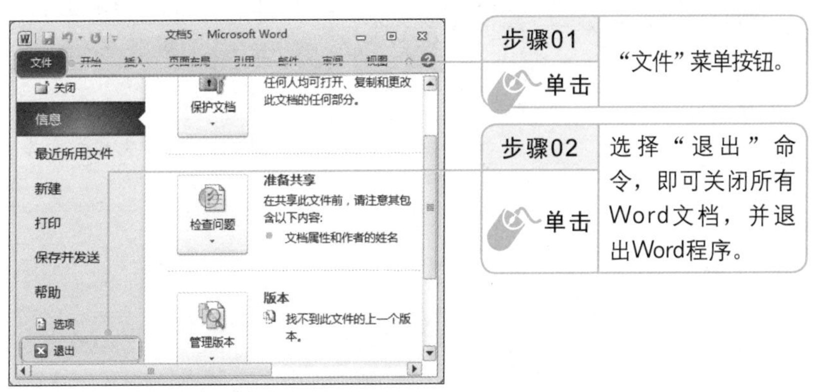

新手注意

如果在关闭文档前未对编辑的文档进行保存，则系统将打开一个提示对话框，询问用户是否进行保存，单击“保存”按钮将保存文档；单击“不保存”按钮将不保存文档；单击“取消”按钮将取消关闭文档的操作。

1.3 自定义工作界面

Office 2010 的工作界面是非常智能化的。用户可以根据自己的操作习惯对快速访问工具栏、功能区等进行自定义设置。

光盘路径		
	素材文件	无
	结果文件	无
	教学视频	教学视频 \ 第 1 章 \1-3.mp4

1.3.1 在快速访问工具栏中添加命令按钮

快速访问工具栏作为一个命令按钮的容器，可以承载 Office 2010 所有的操作命令和按钮，以方便在编辑文档时能快速进行操作。

用户可以在快速访问工具栏中添加需要的命令按钮，如将“打开”按钮添加到快速访问工具栏中，具体操作方法如下。

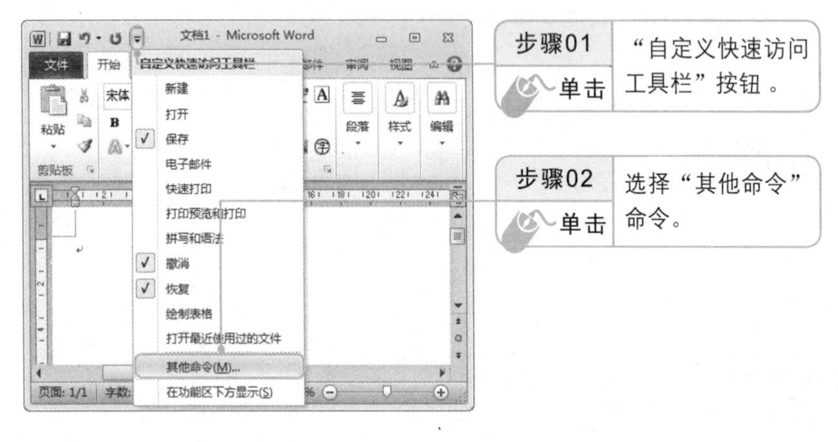

步骤03 单击	选择需要添加的命令按钮，如“打开”选项。
步骤04 单击	“添加”按钮。
步骤05 单击	“确定”按钮。

高手点拨

为快速访问工具栏添加命令按钮

单击“自定义快速访问工具栏”按钮后，在打开的菜单中选择命令，可以快速将相应的命令按钮添加到快速访问工具栏；在功能区中右击任意命令按钮，选择快捷菜单中的“添加到快速访问工具栏”命令，也可以将该命令按钮添加到快速访问工具栏。

1.3.2 删除快速访问工具栏中的命令按钮

当快速访问工具栏中的命令按钮过多或不需要时，可以将其删除。例如要将快速访问工具栏中的“查找”按钮删除，具体操作方法如下。

步骤01	按照添加命令按钮的步骤，打开“Word 选项”窗口。

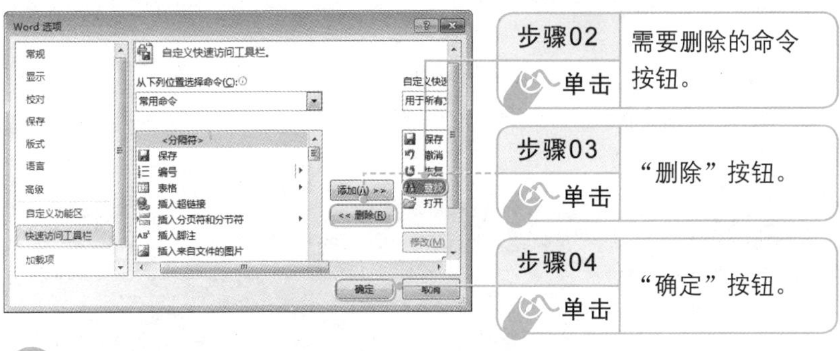

步骤02 单击	需要删除的命令按钮。
步骤03 单击	“删除”按钮。
步骤04 单击	“确定”按钮。

新手注意

右击快速访问工具栏中的任意命令按钮，在弹出的快捷菜单中选择“从快速访问工具栏删除”命令，同样可以将该命令按钮从快速访问工具栏中删除。

1.3.3 创建与定义常用的工具栏

在使用 Office 2010 进行文档编辑时，用户可以根据自己的操作习惯，为经常使用的命令按钮创建一个独立的选项卡或工具组。下面以添加“我的工具”选项卡为例进行介绍。

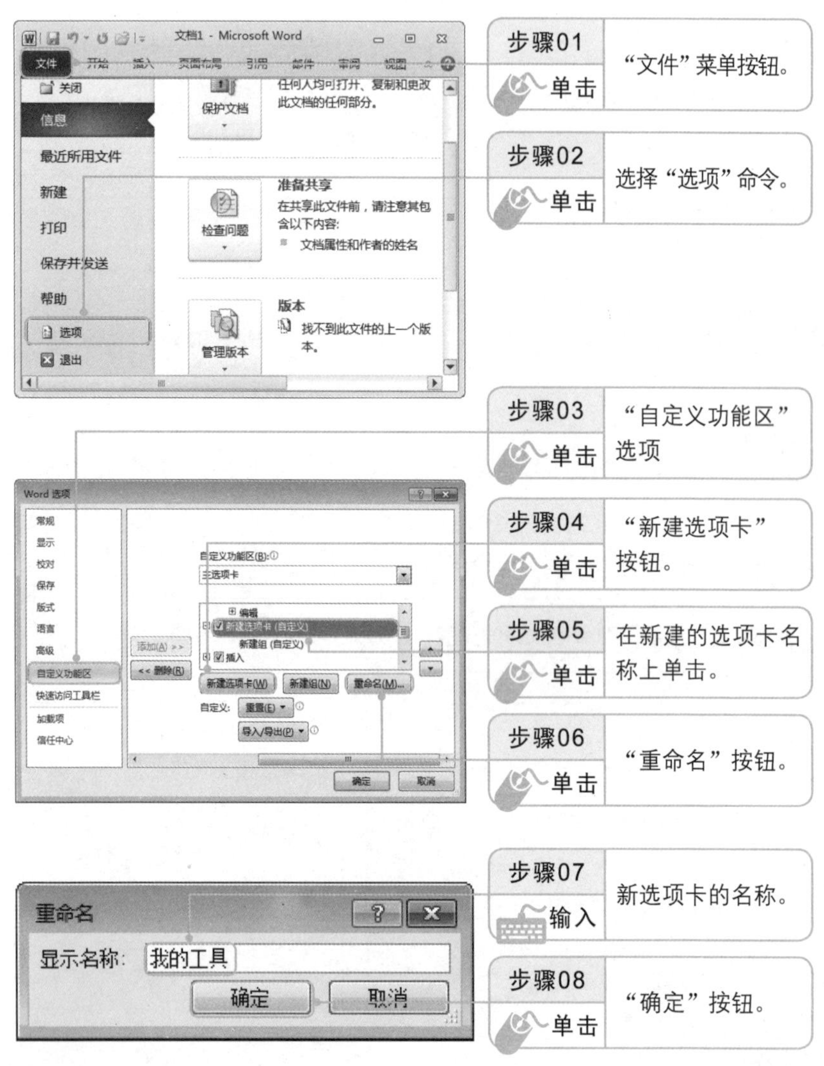

高手点拨

在新选项卡中添加命令按钮

打开“Word 选项”对话框，切换到“自定义功能区”选项卡，选中新建选项卡中的工具组，然后按照1.3.1小节中讲解的在快速访问工具栏中添加命令按钮的方法，同样可以为新选项卡添加命令按钮。

本章学习小结

本章主要从零开始，针对初学 Office 2010 的读者，介绍关于 Office 2010 最基础的知识，目的是让初学者对 Office 2010 办公软件有足够的了解。首先让读者了解 Office 2010 的常用软件及其全新的功能，然后为了让读者能够从实践中了解 Office 2010，介绍组件的一些常用共性操作，最后介绍自定义工作界面的方法。

读书笔记

Chapter 02

文从字顺的文档——Word文本编辑与格式设置

本章导读

在日常工作中，经常需要制作各种文本文档。制作文本文档的方法非常简单，只需要输入文本内容，再为其设置文本格式和页面即可。本章将介绍如何使用Word 2010规范和美化文档的相关知识。

知识要点

◎ 学会输入各种文本内容
◎ 掌握字符格式的设置方法
◎ 掌握段落格式的设置方法
◎ 学会设置文档页面
◎ 懂得打印Word文档

2.1 输入与编辑文档内容

在 Word 文档中最基础的操作就是输入和编辑文档。只有将文档所需要的内容编辑好，才能根据这些内容对文档页面和文本格式进行更深层的设置。

光盘路径		
	素材文件	素材文件 \ 第 2 章 \ 办公室物资管理条例 .txt
	结果文件	结果文件 \ 第 2 章 \ 办公室物资管理条例（录入与编辑）.docx
	教学视频	教学视频 \ 第 2 章 \2-1.mp4

2.1.1 输入文档内容

要制作一个 Word 文档，首先需要在文档中输入需要的内容。下面就来介绍输入文档内容的方法。

1. 输入普通文本

Word 文档中的文本内容形式很多，下面先来介绍输入普通文本的方法。普通文本主要包括各种语言文字和标点符号，具体操作方法如下。

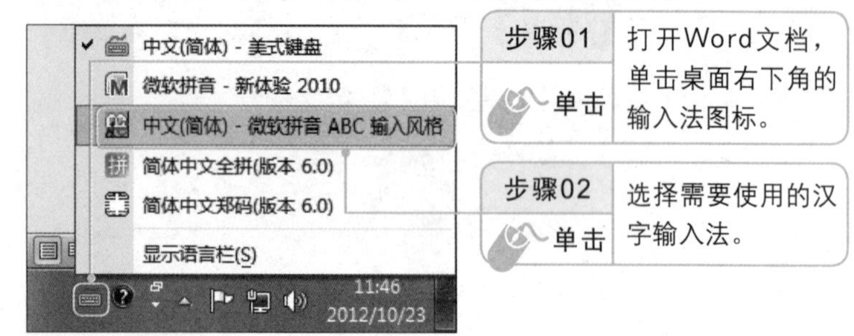

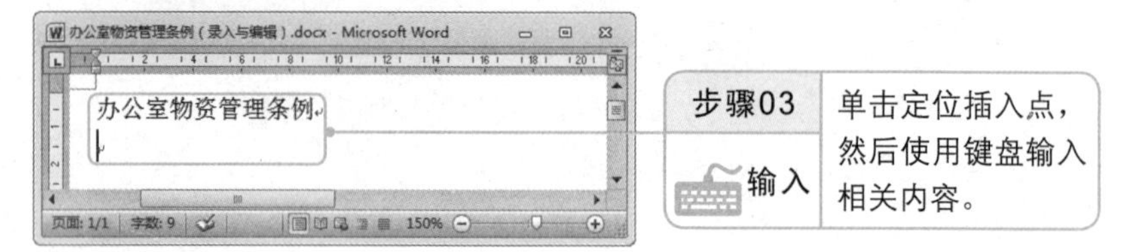

2. 在文档中插入符号

在制作一些文档时，为了使其更加丰富，从格式到内容都具有美观度，可以在文档中插入一些符号。例如，在文档中插入★符号的具体操作方法如下。

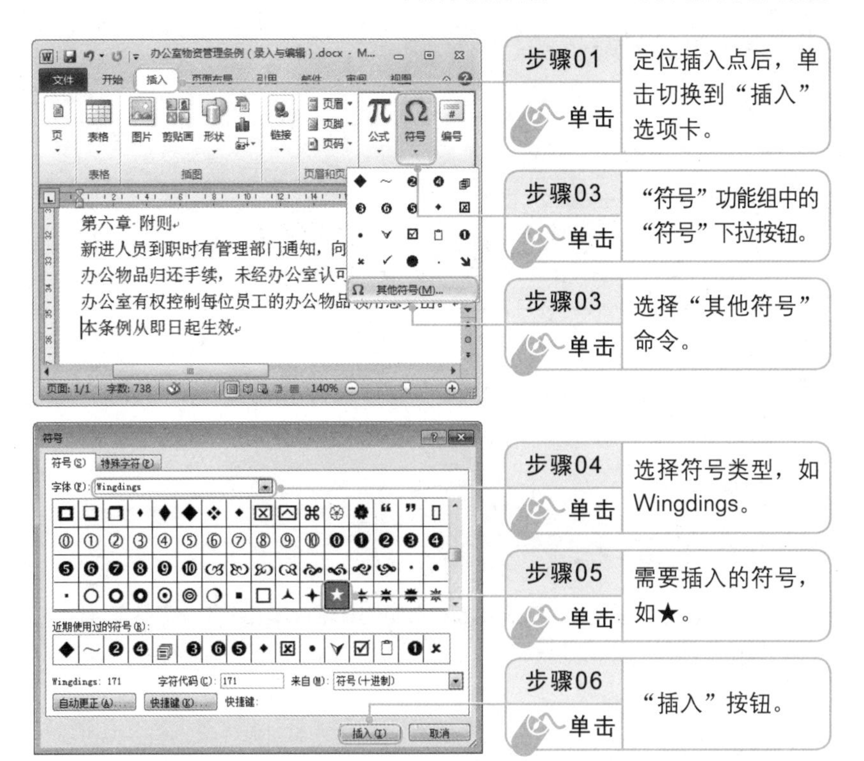

新手注意

常用的符号类型主要有Wingdings、Wingdings 2和Wingdings 3三类。

3. 在文档中插入日期和时间

制作某些文档时，可能需要插入日期和时间，如果一时忘记了，再查询的话会非常花时间。为了提高工作效率，可以利用 Word 中插入日期和时间功能在文档中插入日期和时间，具体操作方法如下。

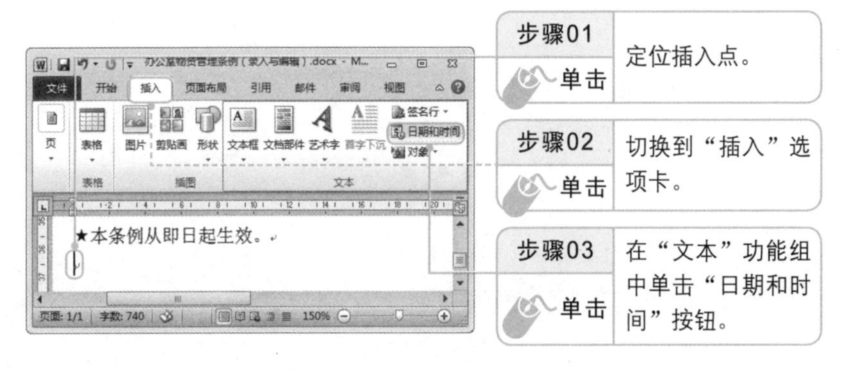

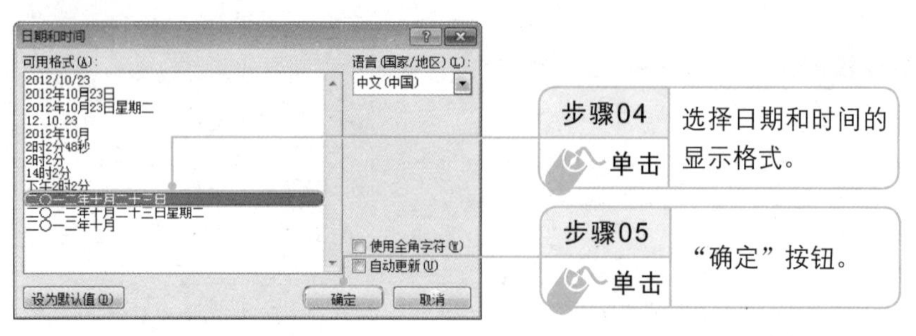

高手点拨

插入自动更新的时间

选中“日期和时间”对话框中的“自动更新”复选框，可以让文档每次打开之后显示当前时间。

2.1.2 选择与删除文档内容

选择与删除文档内容是编辑 Word 文档最基础的操作。本节将主要对这两项内容进行讲解。

1. 选择文档内容

文档内容输入完成后，就可以对这些内容进行编辑操作了，但是在进行这些操作之前，必须先选择相应的内容，选择文档内容的方式有以下几种。

- 选择一个词组：先在要选择词组的第一个字左侧单击，然后双击即可。
- 选择一个整句：按住 Ctrl 键的同时，单击要选择句子的位置即可。
- 选择一行：将光标移动到要选择行的左侧，当光标变成形状时单击即可。
- 选择一段：将光标移动到要选择段的左侧，当光标变成形状时双击即可。
- 选择任意文本内容：单击要选择文本的起始位置或结束位置，然后按住鼠标左键并向结束位置或起始位置拖动，即可选择鼠标指针经过的文本内容。
- 纵向选择文本内容：按住 Alt 键，然后从起始位置拖动鼠标指针到终点位置，即可纵向选择鼠标指针经过的文本内容。
- 选择全文本内容：将光标移动到文本左侧，当光标变成形状时三击（连续按三次鼠标左键）即可。

2. 删除文档内容

在编辑 Word 文档过程中，可能会发现某些内容是多余的，这时就可以将其删除，删除文本的方法有如下几种。

- 删除插入点前的文本：直接按 Backspace 键。
- 删除插入点后的文本：直接按 Delete 键。
- 快速删除较多内容：选择要删除的文本，然后按 Backspace 键或 Delete 键。

2.1.3 复制和移动文档内容

在编辑文档的过程中，可以使用复制、移动等方法加快文本的编辑速度，提高工作效率。在文档中，可以作为被编辑对象的有字、词、段落、表格和图片等。

1. 移动文档内容

移动文档内容是使文本内容的位置发生变化。例如，要移动管理条例中“合理节约开支”文本的位置时，具体操作方法如下。

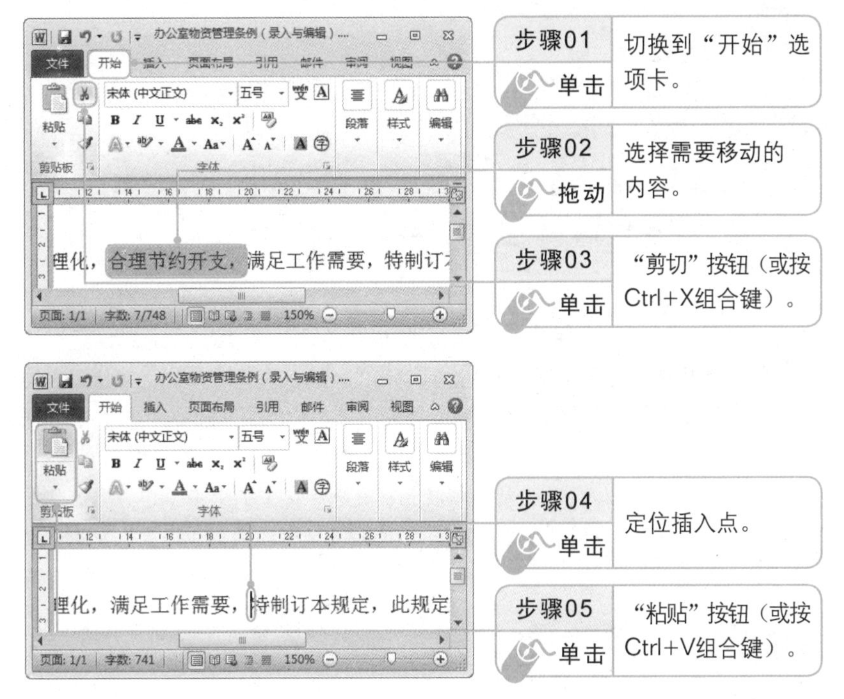

2. 复制文档内容

在文档输入的过程中，如果有相同的内容要输入时，不用每次都重复输入，可以采用复制文本的方法对其进行复制，从而加快输入速度。例如，要在文档中复制“办公室”文本，具体操作方法如下。

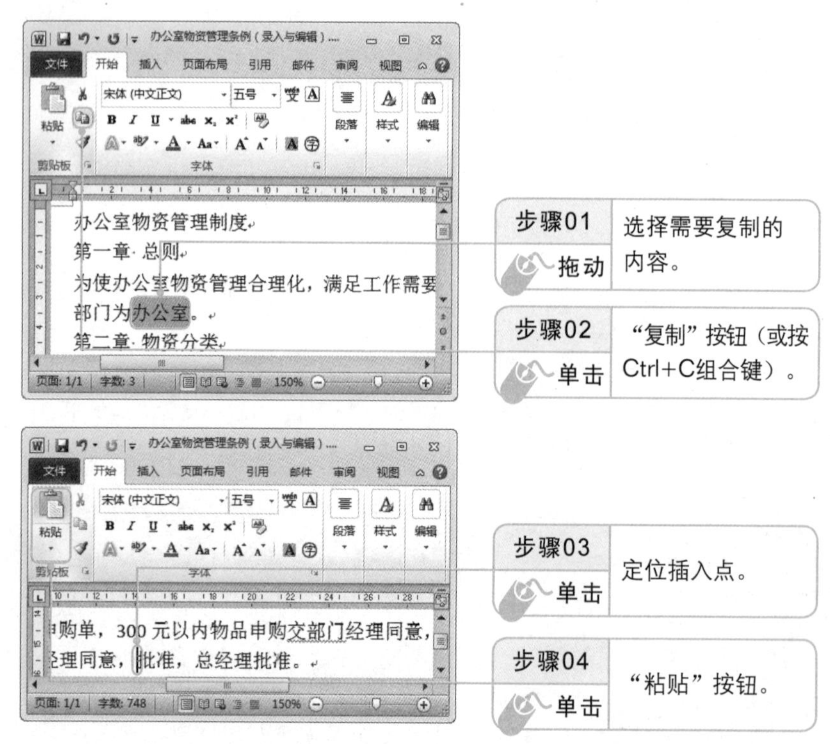

2.1.4 查找与替换文档内容

查找与替换是文字处理过程中非常有用的功能。利用该功能可以快速在文档中查找和定位需要的文本，也可以快速修改文档中的相同内容。

1. 查找文本内容

在 Word 中，可以使用查找功能找到长文档中指定的文本并定位到该文本位置，还可以将查找到的文本突出显示。例如在文档中查找“制度”文本，具体操作方法如下。

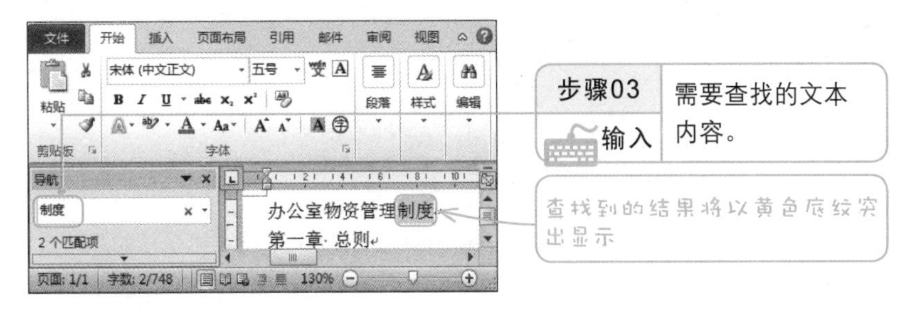

2. 替换文本内容

使用 Word 中的替换功能可以将查找到的文本替换为另外的文本，这种功能适用于在长文档中修改错误的文本。例如将查找到的“制度”文本修改为“条例”，具体操作方法如下。

步骤01	单击切换到“开始”选项卡，在“编辑”功能组中单击“替换”按钮 替换。

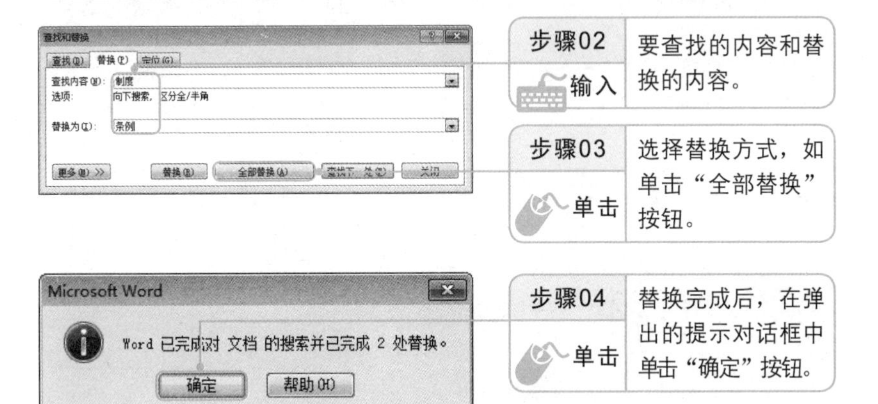

2.2 设置文档格式

文档的大部分内容都是由文字构成，显得非常繁琐，为了使阅览者感到条理清晰，迅速找到需要的信息，就需要对文档进行格式设置。

 光盘路径	素材文件	素材文件\第 2 章\办公室物资管理条例(设置格式).docx
	结果文件	结果文件\第 2 章\办公室物资管理条例(设置格式).docx
	教学视频	教学视频\第 2 章\2-2.mp4

2.2.1 设置字符格式

设置字符格式可以让文档中的内容更加规范统一，设置字符格式包括设置文字的字体、字形、颜色及大小等。

1. 通过功能区进行设置

在“开始”选项卡下的“字体”功能组中提供了文字的基本格式设置按钮，可以使用这些按钮为文字设置相应的字符格式。例如，要将文档标题字符格式设置为“微软雅黑”、“二号”、“加粗”时，具体操作方法如下。

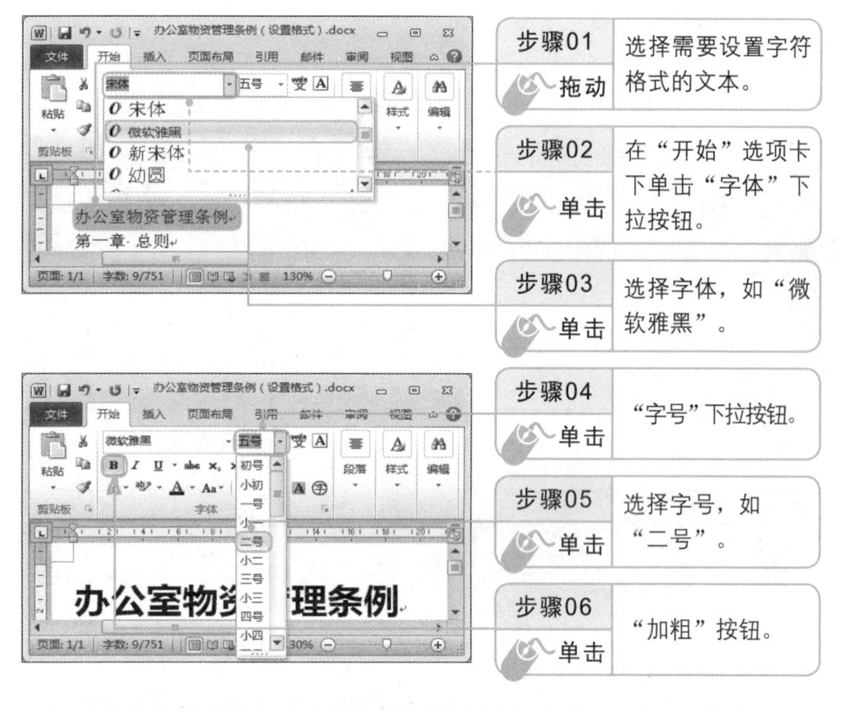

在“字体”工具组中含有多种基本格式设置按钮，其作用及含义如下表所示。

按钮名称及图标	作用
字体按钮 宋体 (中文正	设置文本内容的字体。如：黑体、楷体、隶书、幼圆等
字号按钮 五号	设置字符大小。如：八号、小五、五号等
字号增减按钮	单击可快速增大或减小字号
更改大小写按钮 Aa	单击可对文档中的英文进行大写与小写的更换

（续表）

按钮名称及图标	作 用
清除格式按钮	单击可将文字格式还原到Word默认状态
拼音指南按钮	单击可给文字注音且可编辑文字注音的格式。如：zhùyīn 注音
字符边框按钮	可以给文字添加一个线条边框。如：字符边框
加粗按钮	将字符的线型加粗。如：**加粗**
倾斜按钮	将字符进行倾斜。如：*倾斜*
下划线按钮	给字符下面加横线。如：下划线
删除线按钮	给字符添加删除线。如：~~删除线~~
下标与上标按钮	单击可将字符设置为上标或下标。如：m^2、O_2
文本效果按钮	可以为字符设置各种效果。如：发光
以不同颜色突出显示文本按钮	可以为字符添加色彩标记。如：突出文本
字体颜色按钮	可以给文档字符设置各种颜色。如：字符颜色
字符底纹按钮	可以给字符添加底纹。如：字符底纹
带圈字符按钮	单击可给文字添加圈样式。如：㊝

高手点拨

查看文本格式

当需要参照一个已设置好格式的文档设置另一个文档的格式时，可以选中已设置格式的内容，然后按Shift+F1组合键，在窗口右侧打开的“显示格式”窗格中查看其使用的格式。

2. 使用对话框进行设置

如果需要为文本设置更多特殊的格式，就只能通过对话框进行设置了。下面通过设置文本的字符间距介绍使用对话框设置字符格式的方法。

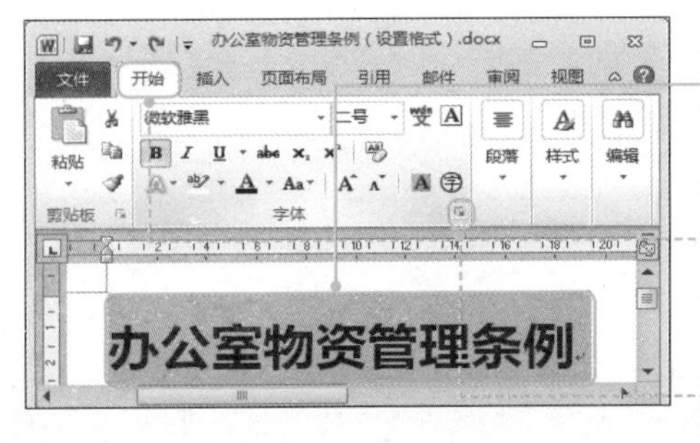

步骤01 拖动：选择需要设置字符间距的内容。

步骤02 单击：切换到“开始”选项卡。

步骤03 单击：“字体”功能组右下角的对话框启动器按钮。

高手点拨

使用浮动窗口设置字符格式

选择需要设置格式的文本后，将鼠标移动到选中文本的右上角，会出现一个浮动窗口，单击窗口中的按钮同样可以为选中的文本设置格式。

2.2.2 设置段落格式

为了便于阅读者阅览文档，可以对段落进行设置，使段落之间层次明确、条理清晰。

在“段落”功能组中含有多种基本格式设置按钮，其作用及含义如下表所示。

按钮名称及图标	作用
文本左对齐按钮	用于将文本向左对齐
居中按钮	单击可以将文本置于文档左右边界的中间
文本右对齐按钮	用于将文本向右对齐
两端对齐按钮	单击可以将段落中除了最后一行文本外，其余行的文本的左右两端分别以文档的左右边界为基准向两端对齐
分散对齐按钮	单击可以将段落的所有行的文本分别沿文档的左右两端以文档的左右边界为基准向两端对齐
行和段落间距按钮	用于调整文本的行与行之间的距离和段与段之间的距离
底纹按钮	用于设置文本的底纹
边框按钮	用于设置文本的边框

段落的一般设置都可以在“段落”工具组中完成，其操作方法与“字体”工具组的使用方法相同，此处不再进行详细介绍。

在设置特殊段落格式时经常需要使用“段落”对话框。下面以为文档中的段落设置首行缩进两个字符为例来介绍“段落”对话框的使用方法，操作步骤如下。

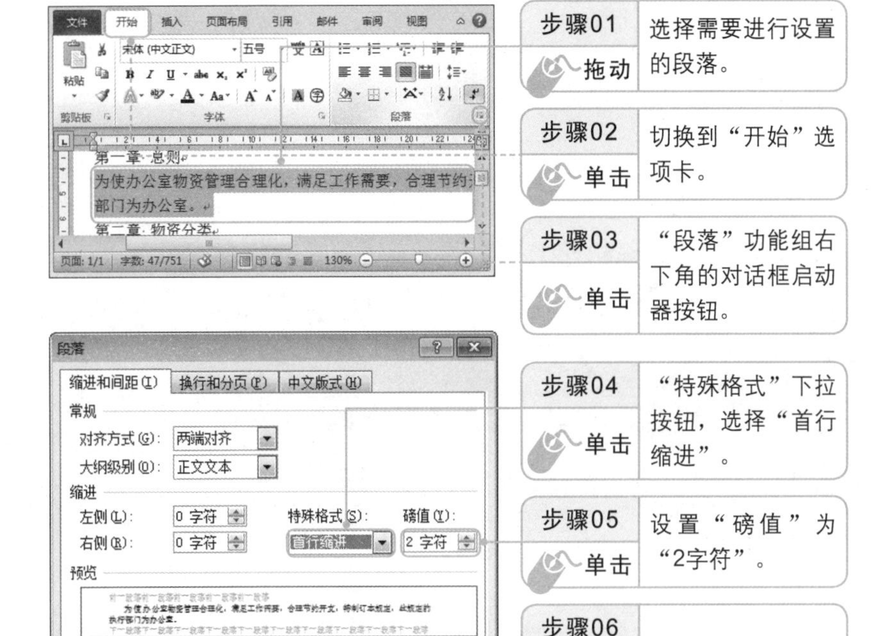

2.2.3 设置项目符号

设置项目符号可以使段落信息更加突出，阅读者可以迅速找到需要的信息。设置项目符号的方法非常简单，具体操作步骤如下。

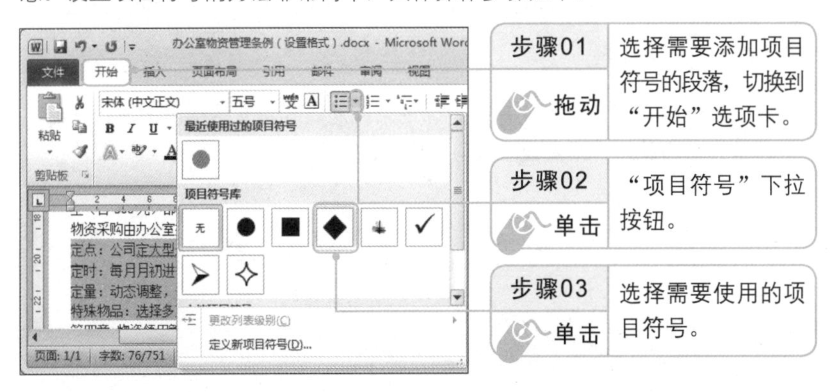

新手注意

选择“定义新项目符号”命令，可以在打开的对话框中自定义项目符号的样式，甚至可以将图片设置为项目符号。

2.2.4 设置编号

编号适用于按顺序排列的项目，如注意事项、操作步骤等，使内容看起来更清晰，常用于制作一些规章制度、合同等类型的文档。

例如，为文档中的相关段落设置编号，具体操作方法如下。

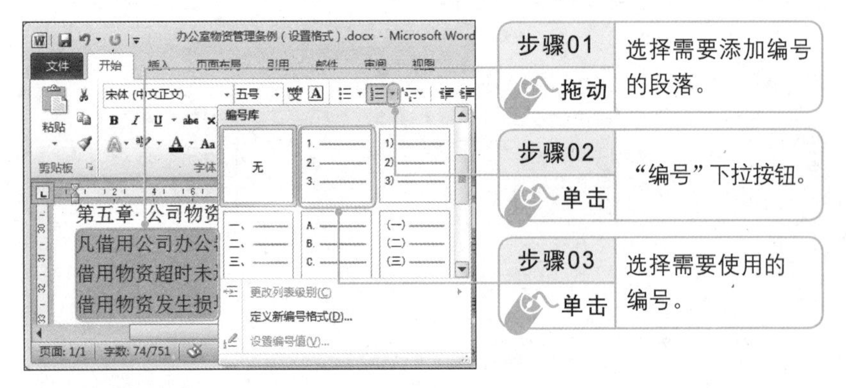

新手注意

在设置段落编号时，也可以选择“定义新编号格式”命令，打开“定义新编号格式”对话框，在该对话框中设置更多的编号样式及格式。

2.3 页面设置与打印输出

文档制作完成后，如果需要打印的话，还需要对文档的页面进行一定的设置。下面就来介绍页面设置与打印输出的方法。

光盘路径		
	素材文件	素材文件 \ 第 2 章 \ 管理条例（页面设置与打印）.docx
	结果文件	结果文件 \ 第 2 章 \ 管理条例（页面设置与打印）.docx
	教学视频	教学视频 \ 第 2 章 \2-3.mp4

2.3.1 页面的基础设置

页面的基础设置在“页面布局”选项卡下的“页面设置”功能组中即可完成，下面对该功能组中常用的命令按钮进行介绍。

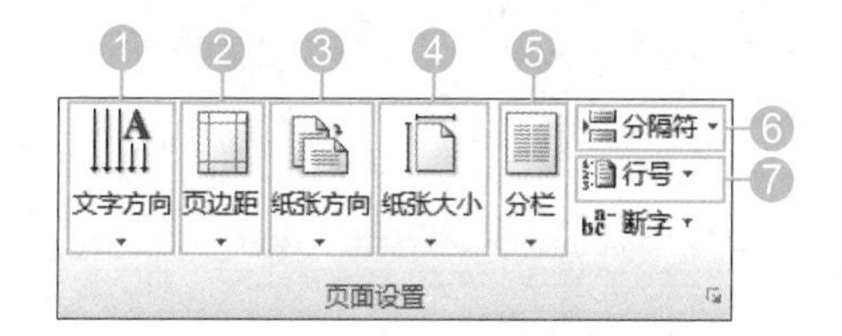

1	文字方向按钮：用于改变整篇文档文字的方向
2	页边距按钮：用于设置文本内容与页面边沿的距离
3	纸张方向按钮：可以将纸张设置为纵向或者横向
4	纸张大小按钮：用于设置纸张的大小
5	分栏按钮：用于设置文本在页面中排列的栏数
6	分隔符按钮：用于为文档添加分页符、分节符和分栏符
7	行号按钮：用于为文档内容的每一行添加序号

新手注意

如果在设置页面时需要设置更加详细的内容，可以单击“页面设置”功能组右下角的对话框启动器按钮，在打开的对话框中进行设置。在“页面设置”对话框中也能查看到当前页面设置的各种属性。

2.3.2 添加页眉和页脚

页眉是指文档中每页页边距的顶部区域，页脚是指文档中每页页边距的底部区域。在进行文档编辑时，可以在页眉和页脚中插入文本或图形。例如，可添加公司徽标、文档标题、文件名、作者姓名等。在文档中插入页眉和页脚可以给读者带来阅读说明和附加信息，具体操作方法如下。

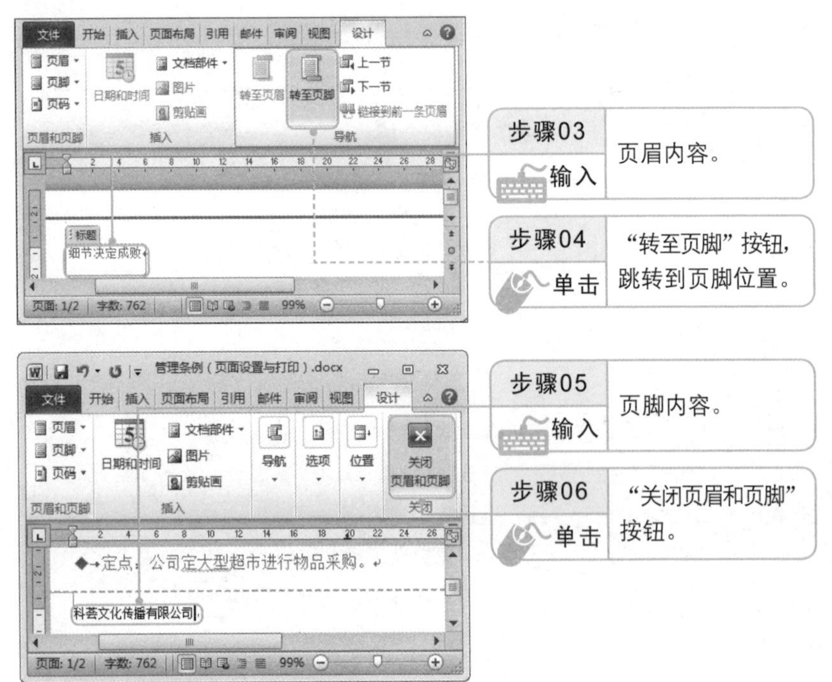

高手点拨

为文档添加页码

如果需要为文档插入页码，可以单击“页眉和页脚”功能组中的“页码”按钮 页码▾，需要注意的是，如果选择“页面顶端”或“页面底端”命令，页码会自动将当前页眉或页脚的内容替代；如果需要保留当前页眉和页脚的内容，可以选择“页边距”或“当前位置”命令。

2.3.3 设置文档页面背景

Word 文档默认的背景是纯白色，为了使文档更加具有视觉冲击力，可以适当为文档设置背景。

1. 设置页面颜色

千篇一律的白纸黑字很容易让人产生视觉疲劳，为了让 Word 文档更具吸引力，可以将文档页面的白色换成其他色彩，具体操作方法如下。

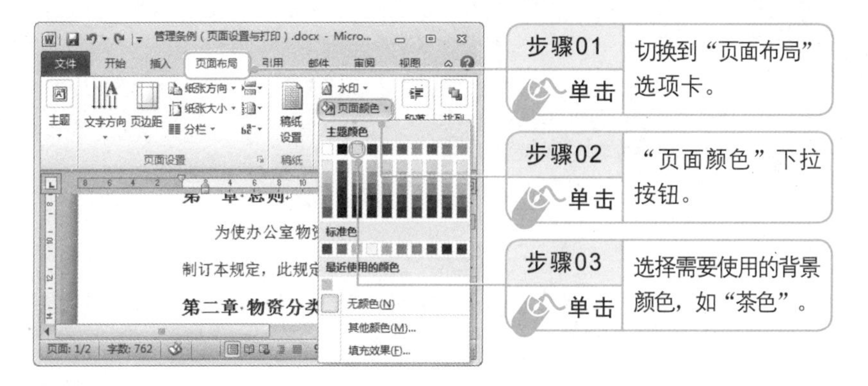

高手点拨

为文档添加水印

单击“页面背景”功能组中的“水印”按钮，可以为文档添加水印。

2. 添加页面边框

为文档添加页面边框可以让每页的文本内容看起来更具整体性，同时也可以增强页面的美观度。下面为文档设置蓝色的边框，具体操作方法如下。

新手注意

在“边框和底纹”对话框中单击“艺术型”下拉按钮，可以为文档设置花边边框；单击“预览”栏中的四个按钮可以设置文档的部分边框；单击“应用于”下拉按钮可以设置边框设置方案应用的范围。

2.3.4 打印输出文档

虽然电子邮件和Web文档极大地促进了无纸办公的快速发展，但打印文档仍然被普遍使用。打印文档的操作方法如下。

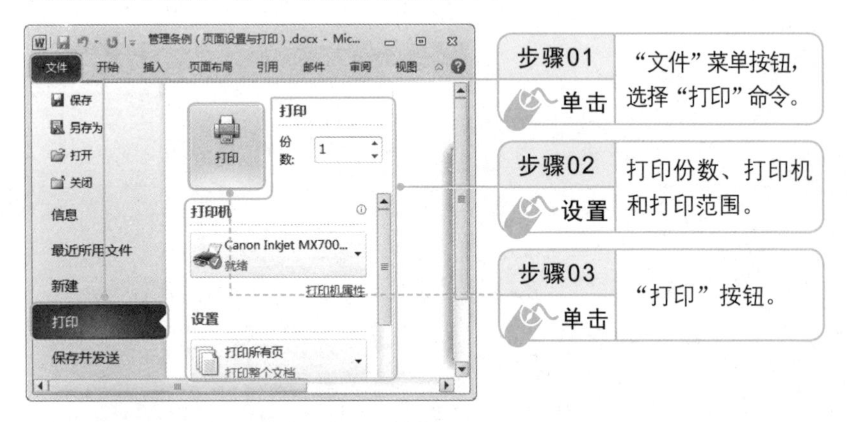

本章学习小结

本章主要针对初学者，介绍使用Word 2010制作一份完整的纯文本办公文档的流程与方法。首先需要将文本内容输入文档中，并进行简单的编辑；然后对文档格式进行设置使其条理更加清晰；最后为了体现其专业性和增加美观度，需要进行页面设置，再打印输出。

Chapter 03

图文并茂的文档——在Word文档中使用图形图片

本章导读

在Word文档中，除了能够编排普通文字外，还可以在文档中加入多种图形对象，使文档变得更加美观大方。本章主要介绍使用Word 2010制作图文混排文档的方法。

知识要点

◎ 学会在Word文档中插入各种对象的方法
◎ 掌握设置图形图片对象的方法
◎ 懂得使用SmartArt图形

3.1 在文档中插入图形图片与艺术字

Word 文档中可以插入的对象类型有很多，如图片、剪贴画、自选图形、艺术字、文本框等，下面逐一介绍这些对象的插入方法。

 光盘路径	素材文件	素材文件＼第 3 章＼招生宣传单(插入图形图片对象).docx
	结果文件	结果文件＼第 3 章＼招生宣传单(插入图形图片对象).docx
	教学视频	教学视频＼第 3 章＼3-1.mp4

3.1.1 插入剪贴画

Office 2010 剪辑器中预设了很多剪贴画，在使用 Word 时，可以在“剪贴画”窗格中选择相应的剪贴画进行插入。例如，在文档中插入“读书”剪贴画，具体操作方法如下。

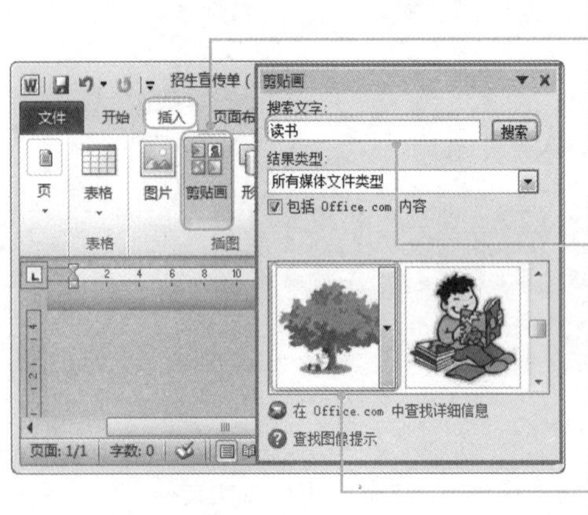

步骤01 单击	在“插入”选项卡下方单击“剪贴画”按钮，打开“剪贴画”窗格。
步骤02 输入	在“搜索文字”文本框中输入要搜索的剪贴画关键字，如“读书”，单击“搜索”按钮。
步骤03 单击	选择需要插入的剪贴画。

新手注意

在“剪贴画”窗格中的“搜索文字”文本框中输入文字，在“结果类型”下拉列表中选择剪贴画类型，再单击“搜索”按钮，可以对剪贴画列表进行筛选。

3.1.2 插入电脑中的图片

Word 文档中不仅可以插入程序中自带的剪贴画，为了满足制作文档的需要，还可以将电脑中的图片插入到文档中。例如，将“picture 1.png”图片插入到文档中，具体操作方法如下。

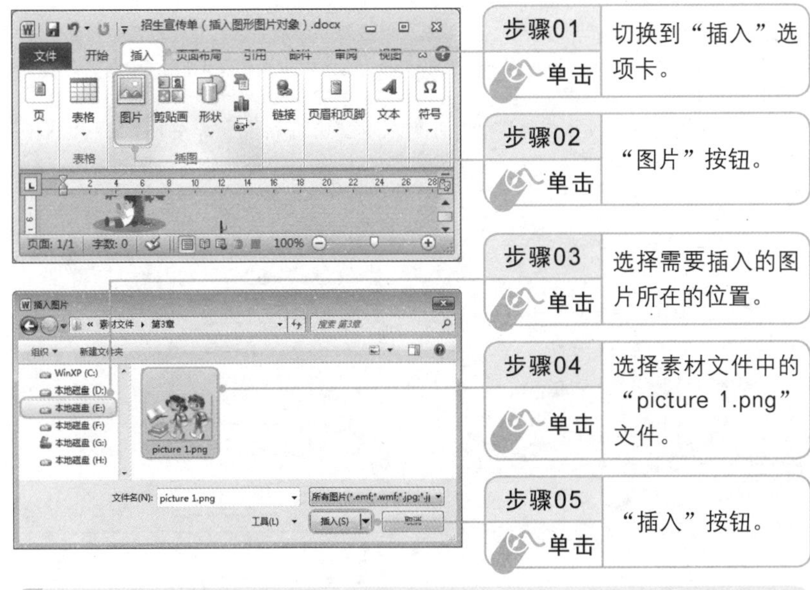

3.1.3 绘制自选图形

用户可以利用 Word 2010 提供的绘制形状工具在文档中插入需要的形状。例如，在文档中绘制一个长方形，具体操作方法如下。

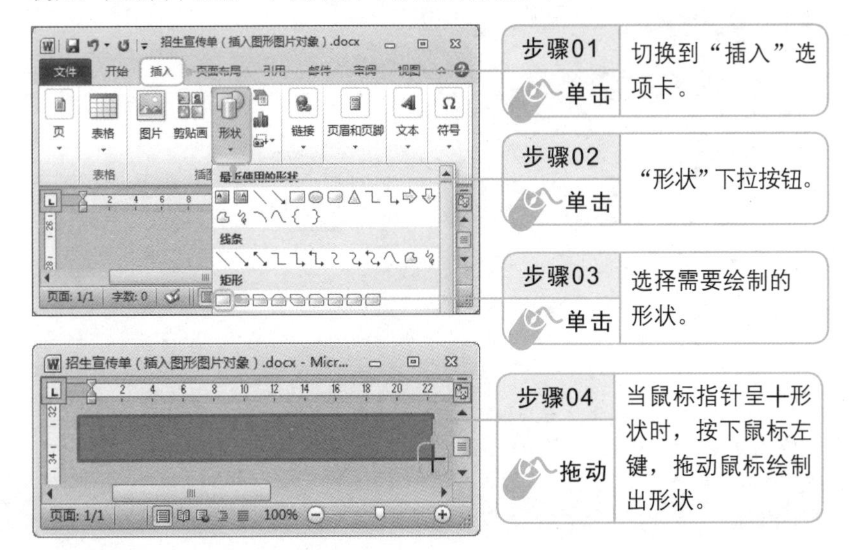

高手点拨

使用文本框

右击所绘制的形状，在打开的快捷菜单中选择“添加文字”命令可以在形状中输入文本内容。在“形状”下拉列表的“基本形状”区域中选择文本框和垂直文本框，可以直接绘制可编辑文字的文本框。如果需要插入带有样式的文本框，可以单击“插入”选项卡下“文本”功能组中的“文本框”下拉按钮，在下拉列表中选择Word 2010内置的文本框。

3.1.4 插入艺术字

Word 2010提供了简单易用的艺术字设置工具，只需进行简单的输入、选择等操作，即可轻松地在文档中插入艺术字。例如，在文档中插入“优文轩”艺术字，具体操作方法如下。

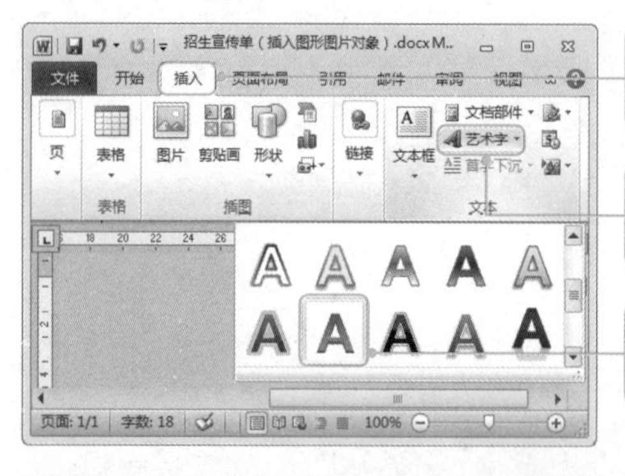

步骤01 单击 切换到“插入”选项卡。

步骤02 单击 “艺术字”下拉按钮。

步骤03 单击 选择需要使用的艺术字样式。

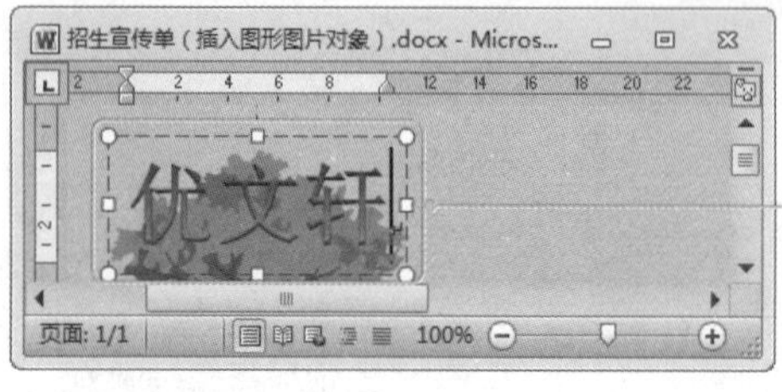

步骤04 输入 文本内容。

高手点拨

复制对象

如果需要在文档中插入多个相同的对象，可以在选中对象后，按住Ctrl键拖动选中的对象，将其复制。

3.2 编辑与修改图形图片

为了让插入的各种对象能够与文档融合得更加完美，还可以对这些对象进行各种编辑与设置。虽然图片、图形、艺术字、文本框的形式各不相同，作用也不同，但是它们的编辑与设置方法基本相同。这里主要以编辑图形图片为例介绍这些对象的设置方法。

光盘路径		
	素材文件	素材文件＼第 3 章＼招生宣传单(编辑与修改图形图片).docx
	结果文件	结果文件＼第 3 章＼招生宣传单(编辑与修改图形图片).docx
	教学视频	教学视频＼第 3 章＼3-2.mp4

3.2.1 调整图形图片的大小和位置

图片插入后一般都是以原始大小呈现，为了能够适应文档的排版需要，很多时候都需要对其大小和位置进行调整，具体操作方法如下。

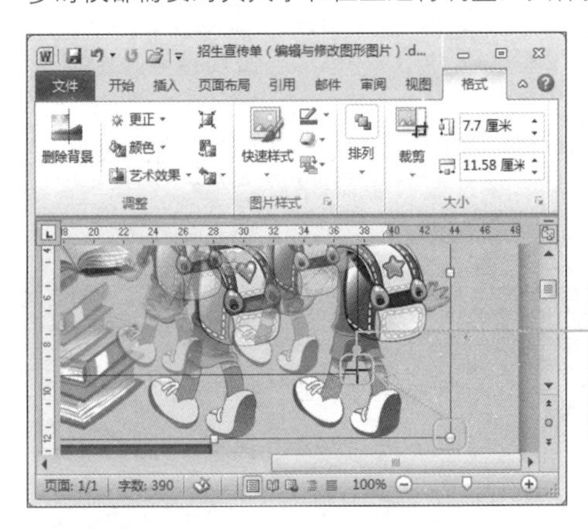

步骤01 拖动 选择需要调整的对象，然后拖动图片周围的控制点即可改变其大小。

高手点拨

精确调整图片大小

选择图片后，切换到“格式”选项卡，在“大小”功能组中单击微调按钮，或在输入框内输入数字可以精确调整图片大小。

步骤02 拖动	将鼠标指针置于图片中，按下鼠标左键拖动鼠标即可改变其位置。

新手注意

如果需要移动文本框，则不能将鼠标指针放在对象的中间，只有拖动边框才能改变其位置。

3.2.2 设置图形图片的环绕方式

图片插入后的默认环绕方式是嵌入型，这种环绕方式在排版和设置时非常不灵活，在需要的情况下，我们可以更改其环绕方式。下面将文档中插入的剪贴画的图片环绕方式设置为“衬于文字下方”，具体操作方法如下。

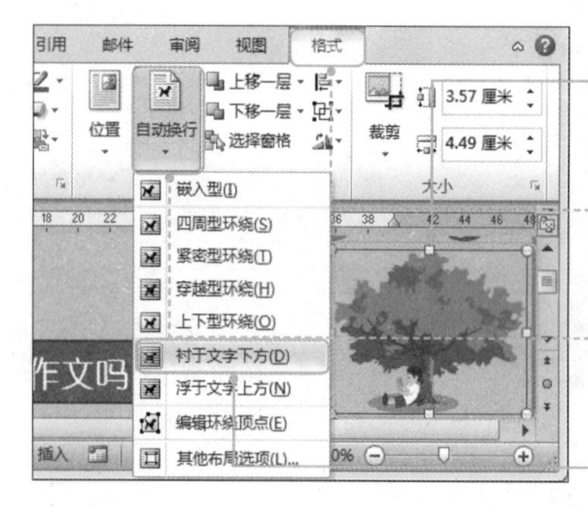

步骤01 单击	选择需要设置的图片。
步骤02 单击	切换到“格式”选项卡。
步骤03 单击	“自动换行”下拉按钮。
步骤04 单击	选择环绕方式，如“衬于文字下方”。

新手注意

在制作图文混排的文档时，如果需要将图片统一放在某一个固定位置，可以单击“排列”工具组中的“位置”按钮，设置图片的固定位置。

3.2.3 调整图形图片的叠放次序

在处理多个图片或图形对象时，可能会将其重叠在一起，这时就会涉及叠放次序的问题。调整图形图片的叠放次序的具体操作方法如下。

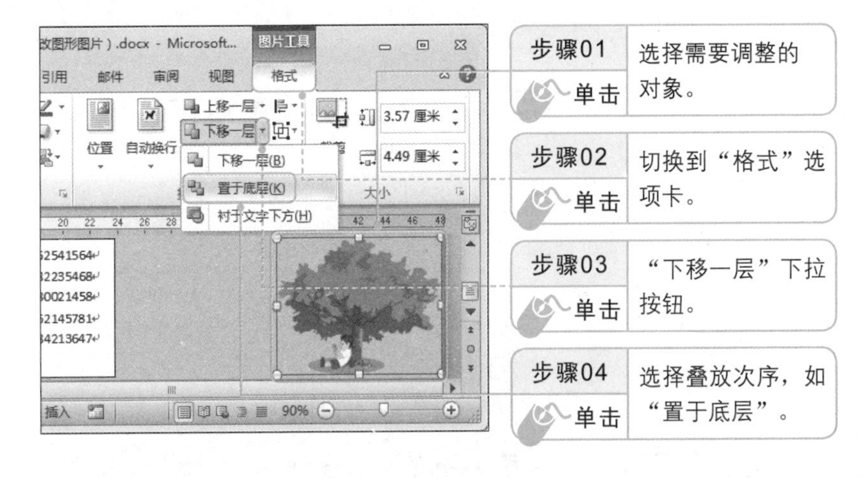

3.2.4 对齐与分布图形图片

在绘制了多个形状后，如果需要按某种标准将形状对齐，则可以通过设置对齐方式来实现。例如，要将文档中制作的多个文本框设置为左右居中对齐，具体操作方法如下。

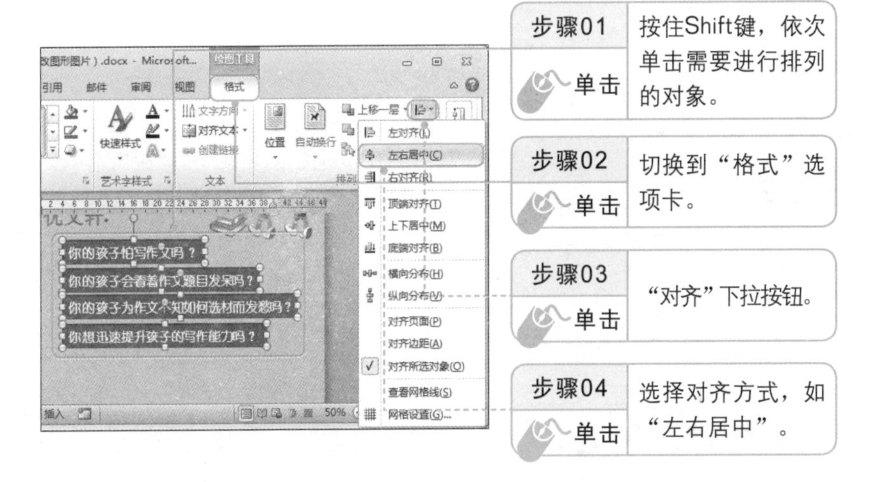

高手点拨

组合对象

选择多个对象后，单击“格式”选项卡下“排列”功能组中的“组合”按钮 组合，在打开的下拉列表中选择“组合”选项，可以将这些对象组合成一个对象。

3.2.5 旋转图形图片

为了让图形图片更加符合文档的版面布局，很多时候需要将图形图片进行旋转，下面就介绍旋转图形图片对象的操作方法。

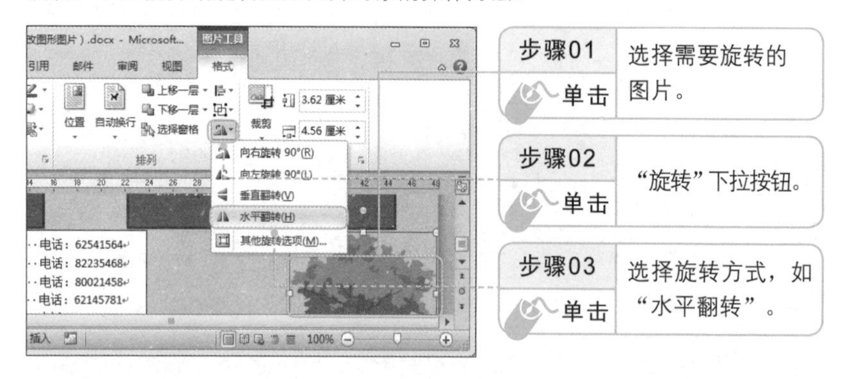

高手点拨

使用鼠标旋转图片

使用鼠标拖动选择图片后出现的绿色控制柄，可以任意旋转图片的角度。拖动图片边缘的控制点至相反方向可以翻转图片。

3.2.6 设置图形图片样式

为了让插入的图片更具观赏性，我们还可以对图形图片的样式进行适当的处理。例如，为文档中的文本框设置需要的形状样式，具体操作方法如下。

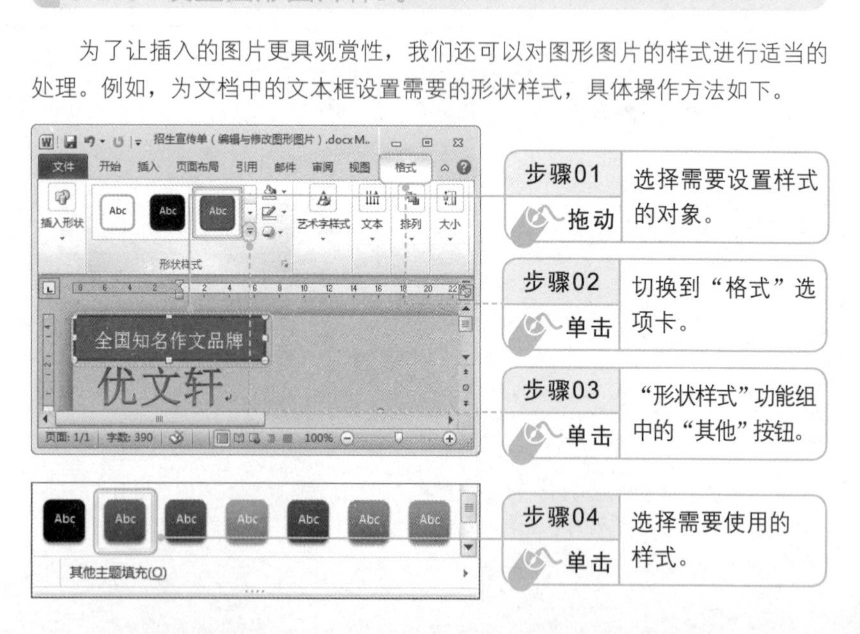

新手注意

如果Word程序中预设的图片样式不能满足用户需要，可以使用“图片样式”功能组右侧的“图片边框”、“图片效果”、“图片版式”3个选项进行详细设置。

3.3 在文档中使用SmartArt图形

利用插入 SmartArt 图形功能可以快速创建出专业而美观的图示化效果，而且对于创建好的图示还可以使用现有的编辑功能进行一些简单的处理，从而使图示更具专业水平。

 光盘路径	素材文件	素材文件\第3章\招生宣传单(使用SmartArt图形).docx
	结果文件	结果文件\第3章\招生宣传单(使用SmartArt图形).docx
	教学视频	教学视频\第3章\3-3.mp4

3.3.1 插入SmartArt图形

Word 2010 提供的 SmartArt 图形工具使用起来非常简单，并且新增了更多的形状样式和外观样式。例如，在文档中插入流程类的 SmartArt 图形并输入相关内容，具体操作方法如下。

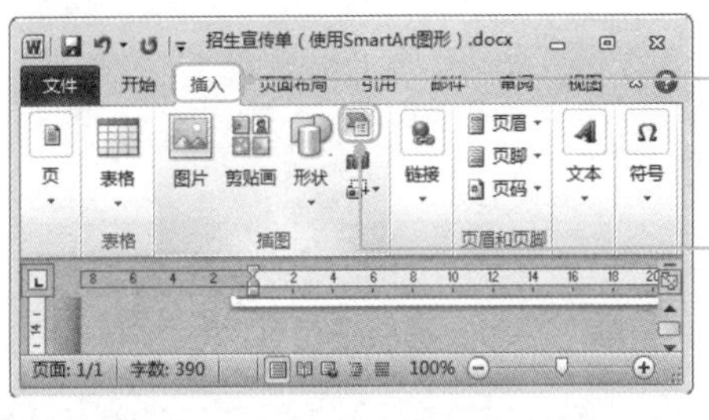

步骤01 单击　切换到“插入”选项卡。

步骤02 单击　“插入SmartArt图形”按钮。

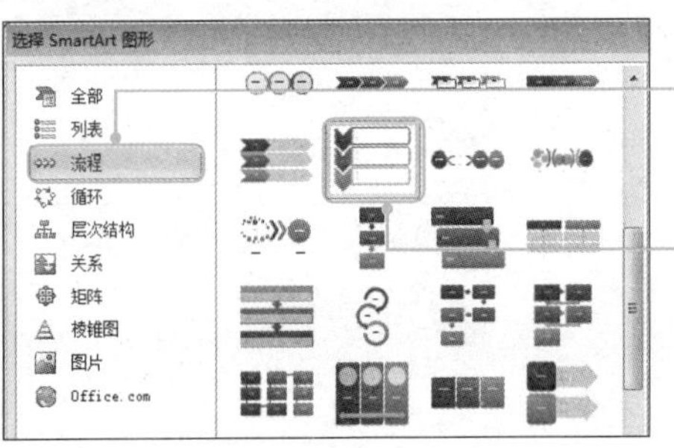

步骤03 单击　选择图形类型。

步骤04 双击　需要插入的SmartArt图形。

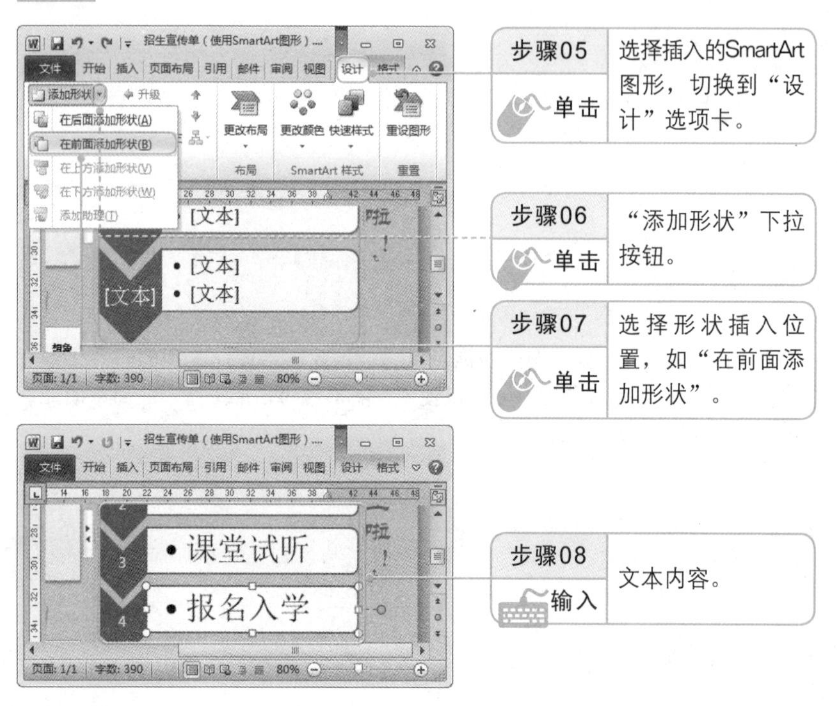

3.3.2 编辑SmartArt图形

插入 SmartArt 图形后，为了使其更加美观，可以对其进行编辑。

1. 更改图形颜色

创建 SmartArt 图形后，默认填充的颜色为蓝色，为了让其更加绚丽，可以为其设置其他颜色，具体操作方法如下。

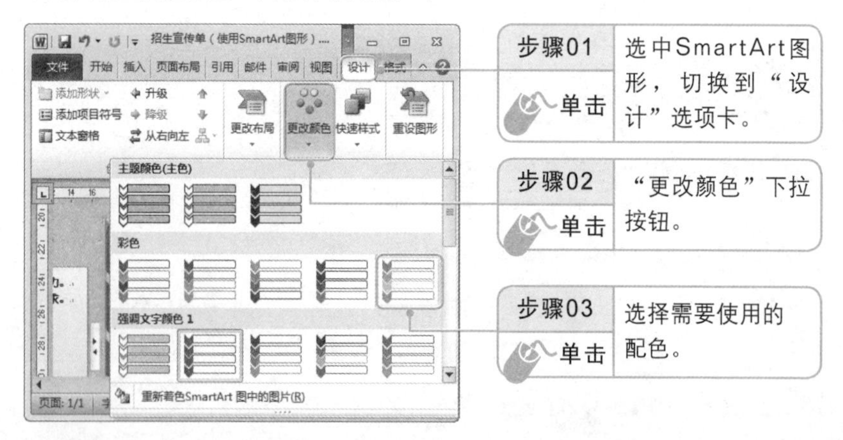

新手注意

SmartArt图形与其他图形图片对象一样，同样可以设置环绕方式、叠放次序等属性。

2. 更改图形样式

SmartArt 图形的样式有很多，用户可以根据文档内容和实际情况选择需要使用的样式，具体操作方法如下。

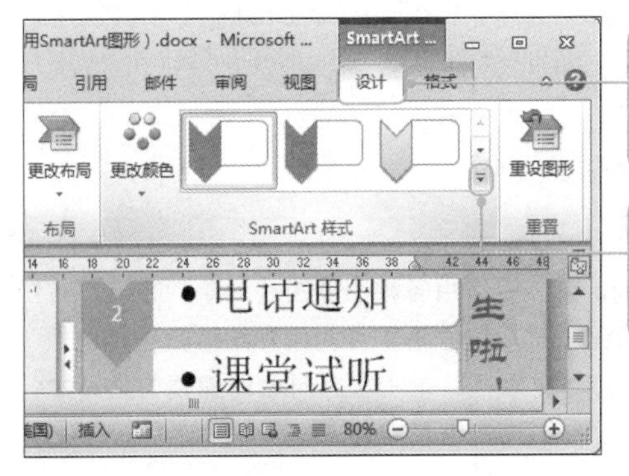

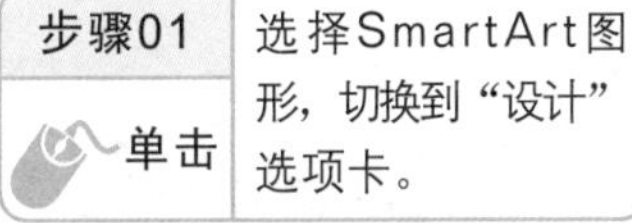

步骤01 单击：选择SmartArt图形，切换到“设计”选项卡。

步骤02 单击：“SmartArt样式”功能组中的“其他”按钮。

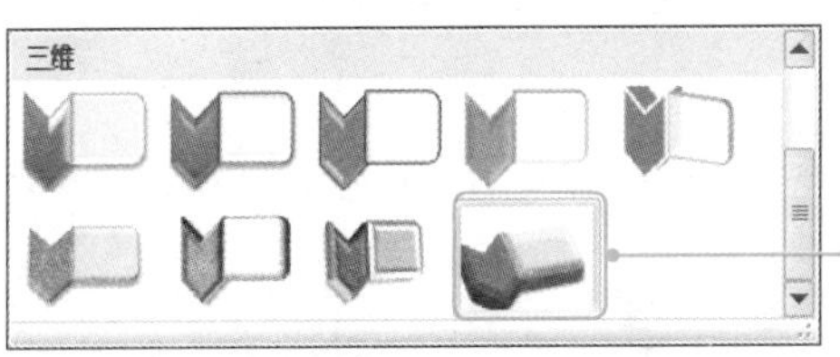

步骤03 单击：选择需要使用的图形样式。

3. 设置文本样式

为了 SmartArt 图形更加美观，不仅可以设置图形的样式，还可以设置文本样式，具体操作方法如下。

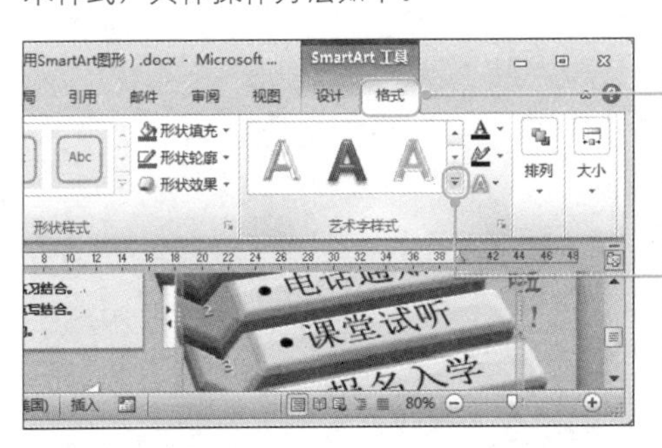

步骤01 单击：选择SmartArt图形，切换到“格式”选项卡。

步骤02 单击：“艺术字样式”功能组中的“其他”按钮。

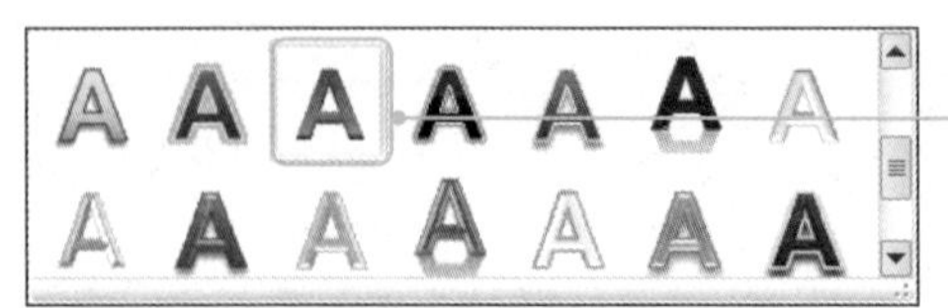

步骤03 单击：选择需要使用的文本样式。

新手注意

选择好图形中的形状后，在“格式”选项卡下的“形状样式”功能组中可以设置各个形状的样式。

本章学习小结

本章主要为读者介绍在Word文档中使用各种图形图片对象的方法。首先全面地介绍插入各种对象的方法；然后以图形图片为例介绍编辑各种对象的方法（Word文档中图形、图片、文本框、艺术字等对象的编辑方法基本相同）；最后较详细地讲解SmartArt图形的使用方法。

Chapter

04

办公表格轻松做——Word中表格的创建与编辑

本章导读

在使用Word编排文档的过程中，办公表格的创建和编辑也是一项重要功能。Word 2010具有强大的表格制作和处理功能，可以制作出符合各种需要的办公表格。本章主要讲解在Word 2010中创建表格、编辑表格、格式化表格等操作。

知识要点

◎ 掌握创建表格的方法
◎ 掌握编辑与修改表格的方法
◎ 掌握表格格式的设置方法

4.1 表格的创建方法

表格的创建方法有很多，既可以快速插入，也可以手动绘制，下面分别进行介绍。

 光盘路径	素材文件	素材文件\第 4 章\员工工资变动申请表(创建表格).docx
	结果文件	结果文件\第 4 章\员工工资变动申请表(创建表格).docx
	教学视频	教学视频\第 4 章\4-1.mp4

4.1.1 拖动行列数快速创建表格

如果要创建行列较少和规则的表格，可以在“表格”下拉列表中的预设方格上拖动鼠标快速创建规则型的表格。

例如，创建一个 5 列 6 行的表格，具体操作方法如下。

4.1.2 使用对话框插入表格

使用拖动行列数创建的表格行列数都很有限，如果要插入行列数比较多的大型表格，就需要使用“插入表格”对话框来完成创建。

例如，通过对话框插入一个 4 列 16 行的表格，具体操作方法如下。

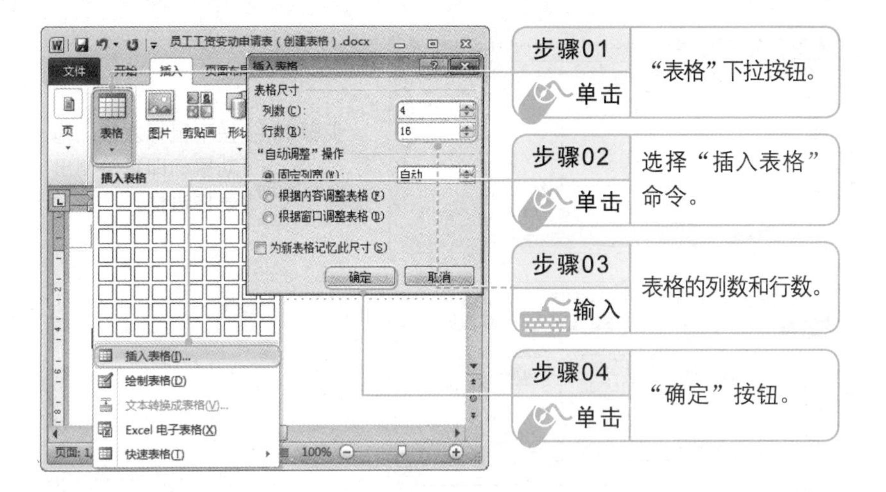

新手注意

在“插入表格”对话框的“‘自动调整’操作”区域中选中“固定列宽”单选按钮，可以在右侧的数字框内设置表格列宽的具体数值，其中的“自动”选项表示在设置的左右页面边缘之间插入相同宽度的表格列；选中“根据窗口调整表格”或“根据内容调整表格”单选按钮时，将根据当前文档窗口的宽度或者表格的填充内容调整表格的列宽。

4.1.3 手动绘制不规则的表格

在实际工作中，经常需要创建不规则的表格，这时需要用Word的“绘制表格”功能来完成。手动绘制表格主要是指按住鼠标左键拖动来绘制表格的框线，具体操作方法如下。

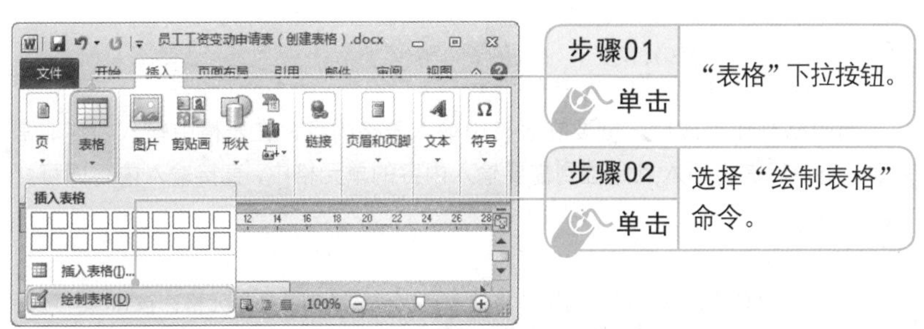

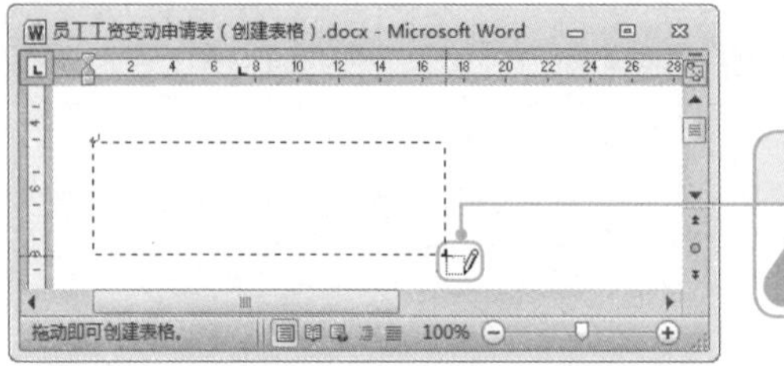

步骤03 拖动

按下鼠标左键，拖动鼠标即可绘制出表格边框。

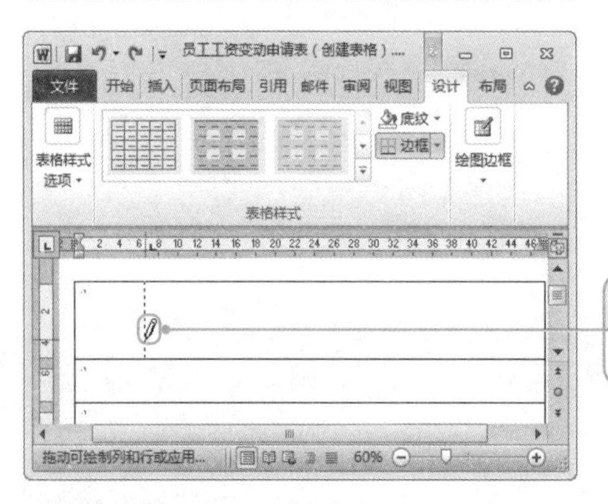

步骤04 拖动

绘制表格的行列线。

新手注意

在绘制好表格后选中表格，功能区中将显示“表格工具”选项卡，用户可以单击“设计”选项卡下“绘图边框”功能组中的“绘制表格”按钮，继续绘制表格；单击“笔样式”列表框和“笔画粗细”列表框0.5 磅分别可以选择表格的线型和边框线粗细；单击“笔颜色”按钮笔颜色可以设置线条颜色；单击“擦除”按钮，可以将错画或多画的表格线条删除；单击“绘图边框”功能组中的“绘制表格”按钮或按键盘上的Esc键可退出绘制表格状态。

4.1.4 在表格中输入内容

当表格制作完成后，就要在表格中输入表格内容，在表格中输入内容非常简单，用户只需将插入点定位到需要输入内容的单元格中，直接输入内容即可。

新手注意

用户可以使用键盘上的方向键，将插入点快速移动到其他单元格；按Tab键可以将插入点由左向右依次切换到下一个单元格；按Shift+Tab组合键可以将插入点由右向左切换到前一个单元格。

4.2 表格的编辑与修改

表格创建完成以后，需要对表格进一步编辑后才能使用。表格的编辑包括更改表格大小、拆分与合并单元格、添加和删除行与列等。

光盘路径		
	素材文件	素材文件\第4章\工资变动申请表(修改与编辑表格).docx
	结果文件	结果文件\第4章\工资变动申请表(修改与编辑表格).docx
	教学视频	教学视频\第4章\4-2.mp4

4.2.1 表格中单元格、行、列的选择

要使用表格，无论是整体还是单元格，首先需要将其选中，选择表格的具体操作方法如下。

- 选择一个单元格：如果只选择一个单元格，则将鼠标指针指向单元格左边位置，当鼠标指针变成↗形状后单击即可，如下左图所示。
- 选择多个连续的单元格：将鼠标指针指向要选择范围的起始单元格，然后按住鼠标左键拖动至要选择范围的末尾单元格后松开左键即可，如下右图所示。

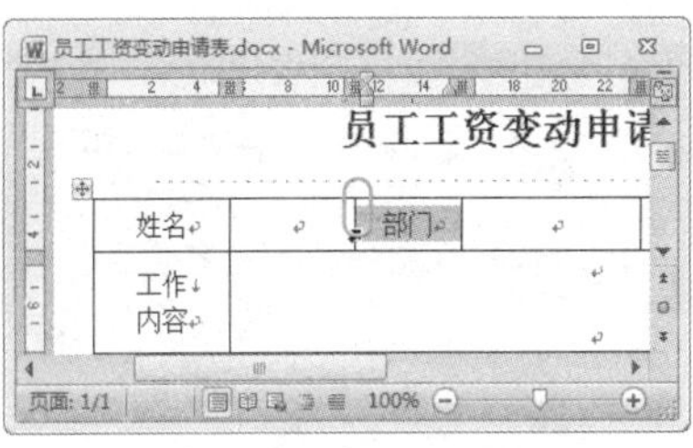

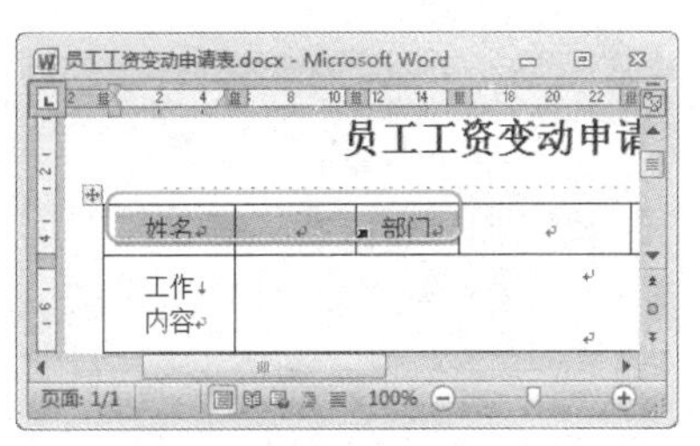

- 选择多个不连续的单元格：先选中一个单元格，然后按住Ctrl键，依次选择多个单元格，如下左图所示。
- 选择一行：将鼠标指针指向需要选择行的最左端，当鼠标指针变成↗形状时单击即可，如下右图所示。

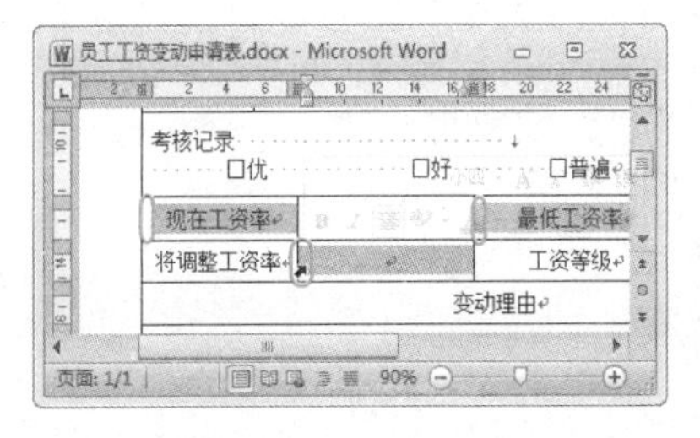

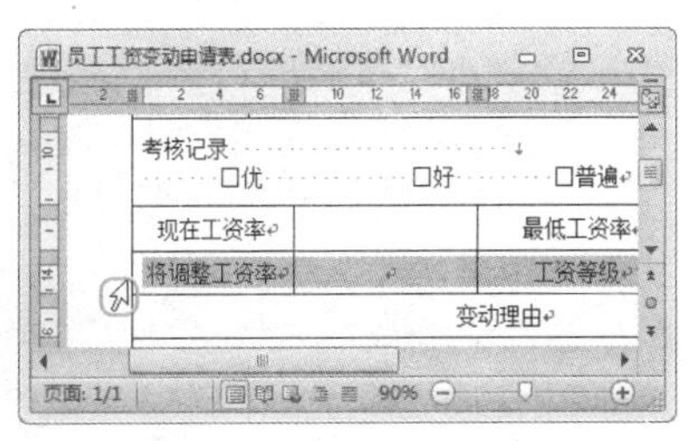

- **选择一列：**将鼠标指针指向需要选择列的顶部，当鼠标指针变成⬇形状单击即可，如下左图所示。
- **选择整个表格：**将鼠标指针指向表格范围时，表格左上角会出现表格的全选柄⊞，单击全选柄即可选择整个表格，如下右图所示。

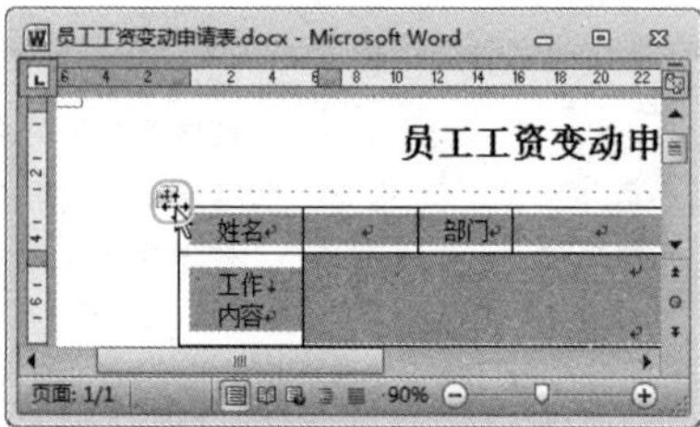

4.2.2 插入与删除行/列/单元格

很多时候在制作办公表格时，并不是插入表格后就一成不变地对其进行数据输入和格式设置，可能还需要对表格对象进行增删。

1. 插入表格对象

插入表格对象，主要是指表格行或列的插入，两者的操作方法基本相同，具体操作步骤如下。

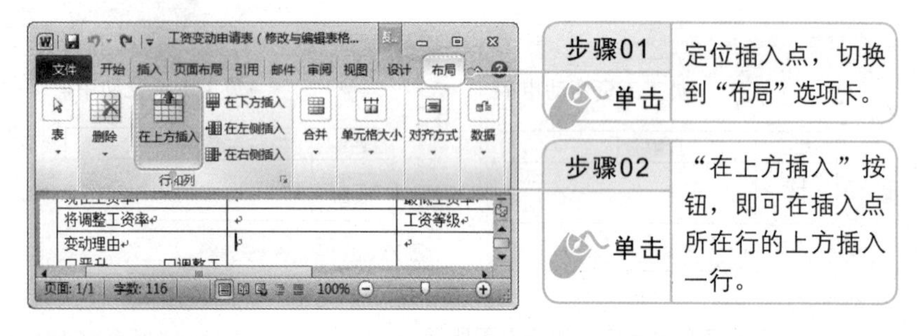

新手注意

按照上述方法，单击“在下方插入”按钮 在下方插入 即可在插入点所在行的下方插入一行；单击“在左侧插入”按钮 在左侧插入 即可在插入点所在列的左侧插入一列；单击“在右侧插入”按钮 在右侧插入 即可在插入点所在列的右侧插入一列；如果只需要插入一个单元格，则需要右击单元格，然后指向“插入”命令，选择“插入单元格”命令，在打开的对话框中选择单元格的插入位置。

2. 删除表格对象

删除表格对象的方法非常简单，具体操作步骤如下。

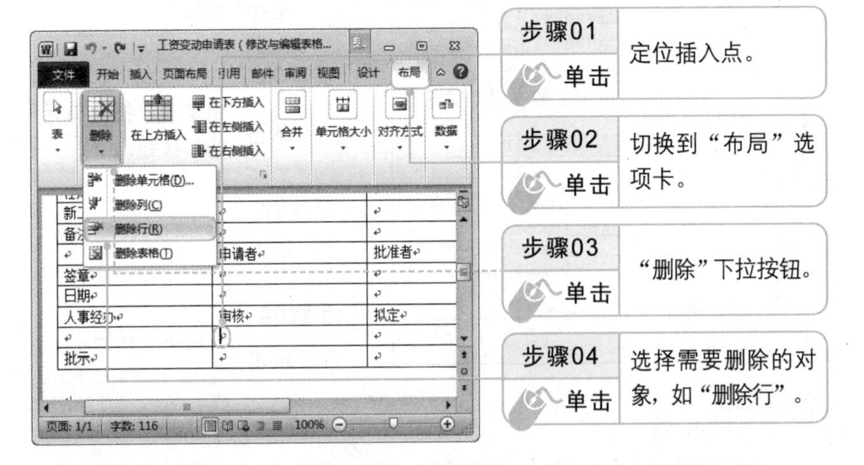

4.2.3 合并与拆分单元格

为了使表格更加多元化，我们还可以对表格进行一些合并和拆分操作。

1. 合并单元格

合并单元格可以将多个能够构成实心矩形的单元格合并为一个较大的单元格。例如，需要将文档中表格的“考核记录”栏合并为一个单元格，具体操作方法如下。

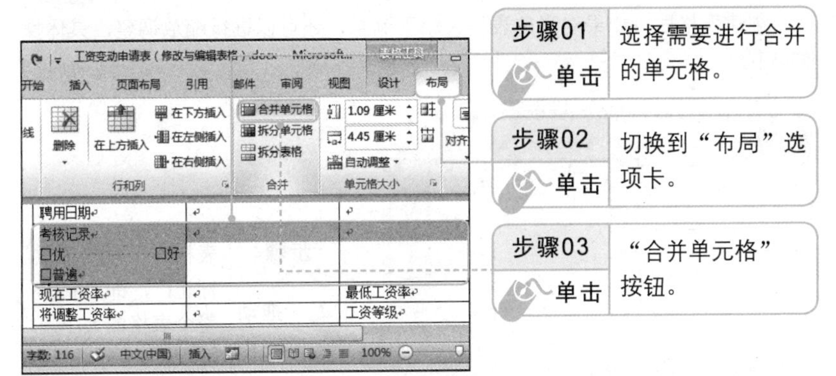

2. 拆分单元格

Word 表格中的任意一个单元格都可以拆分为多个单元格。例如，要将文档中表格的“部门”单元格拆分为上下两个单元格，具体操作方法如下。

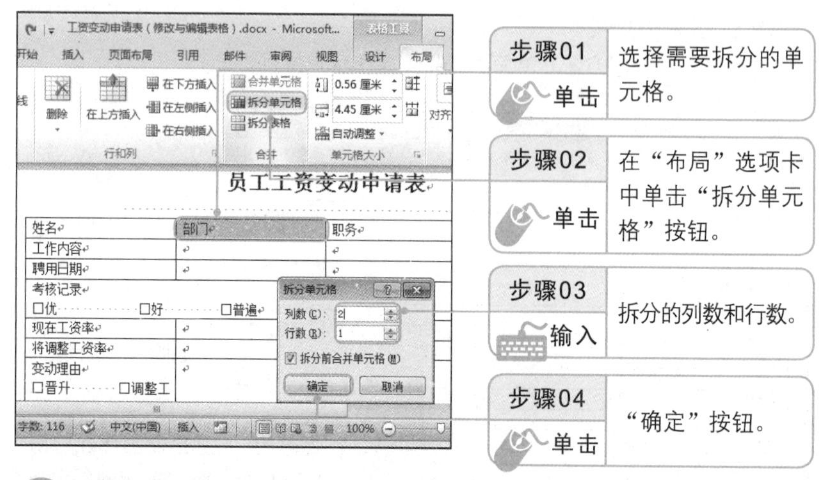

新手注意

如果同时要对多个单元格进行拆分操作，可以先选中这几个单元格，然后在“拆分单元格”对话框中选中“拆分前合并单元格”复选框进行拆分，否则会将每个单元格拆分成设置的列数和行数。

4.2.4 调整表格的大小

创建一个表格后，有时表格列的宽度或行的高度不合适时，就需要进行调整。

1. 缩放表格

创建表格后，如果对当前表格大小不满意，还可以进行缩放调整，具体操作如下。

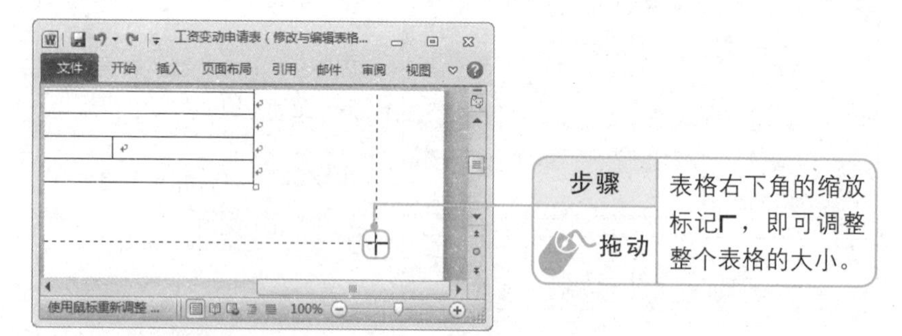

2. 拖动调整

需要单独调整某些行或列的高度与宽度时，拖动鼠标调整行高与列宽是最简单的方法。

（1）改变行高和列宽

当鼠标指向表格的横向线条时，鼠标指针会变成≑形状，当指向纵向线条时，鼠标指针会变成⇹形状，此时按住鼠标左键并拖动即可改变表格的行高和列宽，具体操作方法如下。

步骤 拖动 表格线条可以改变表格的列宽。

（2）改变单元格大小

除了可以调整表格的行高和列宽外，还可以拖动单元格的边框线来调整某个单元格的大小。

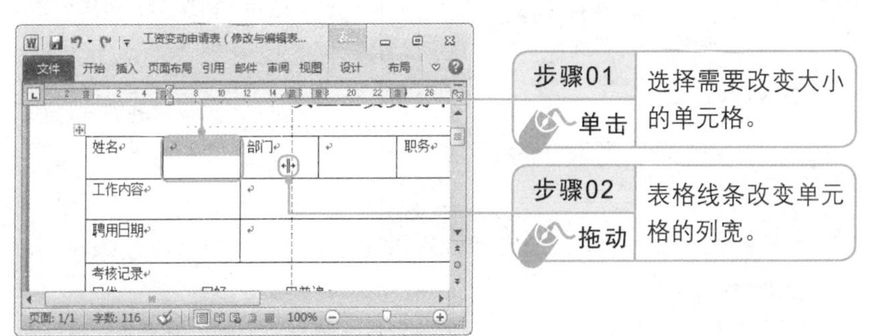

高手点拨

精确调整单元格大小

选择单元格后，切换到“布局”选项卡，在“单元格大小”功能组中设置“高度”和“宽度”的值可以精确指定单元格的大小。

4.3 表格的格式设置

将表格的行、列、单元格及其大小调整完成后，还需要对表格内容格式及其样式进行设置，这样才能完成一张美观、规范的办公表格。

 光盘路径	素材文件	素材文件＼第 4 章＼工资变动申请表(设置表格格式).docx
	结果文件	结果文件＼第 4 章＼工资变动申请表(设置表格格式).docx
	教学视频	教学视频＼第 4 章＼4-3.mp4

4.3.1 设置表格中内容的格式

对表格中内容进行设置，可以让表格更加整洁、美观。设置表格中的内容主要包括设置表格文本对齐方式和改变文字排列方向。

1. 设置表格文本对齐方式

在 Word 中也可以对表格设置文本的对齐方式，Word 2010 提供了 9 种对齐方式，用户可根据自己的需要进行设置。设置表格文本对齐方式的操作方法如下。

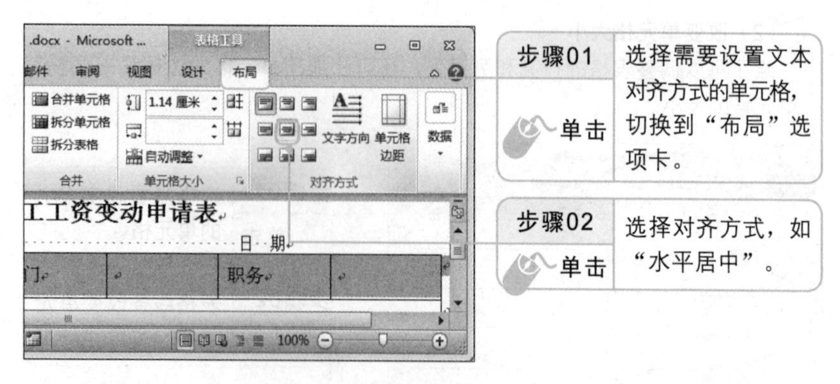

2. 改变文字排列方向

默认情况下，表格中的文字是横向排列的，根据不同的表格需求，有时需要将表格中的文字进行纵向排列，这时就需要改变文字的排列方向，具体操作方法如下。

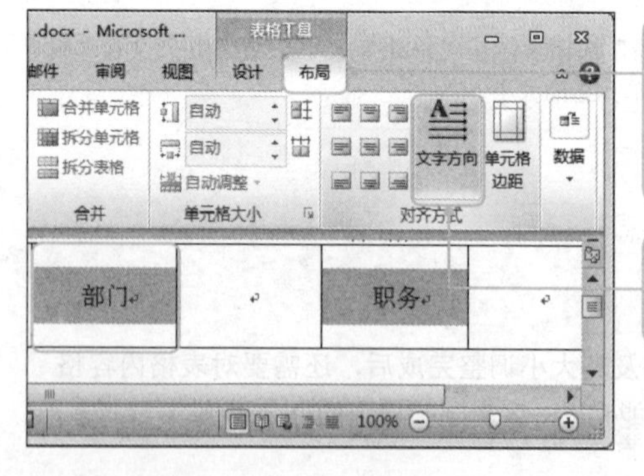

步骤01 单击
选择需要改变文字方向的单元格，并切换到“布局”选项卡。

步骤02 单击
“文字方向”按钮即可改变文字方向。

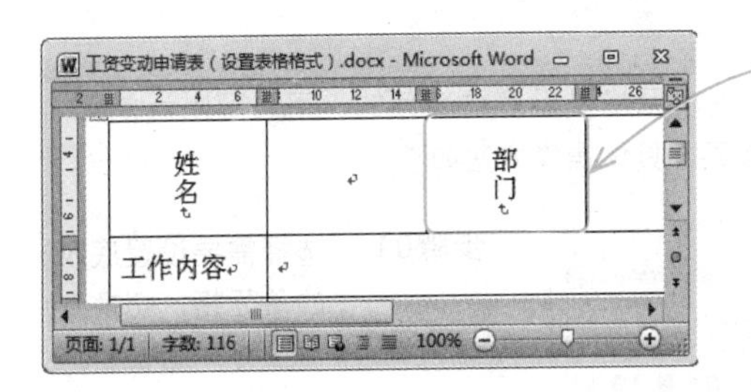

文字排列方向更改后的效果

4.3.2 设置表格的边框与底纹

一张优秀的办公表格，除了内容充实、版面整洁外，还可以为表格设置边框与底纹，以增加其美观性。

1. 添加边框

Word 默认的表格边框为黑色的实心细线。在实际运用中，可以根据需要设置表格的边框为其他样式，具体操作方法如下。

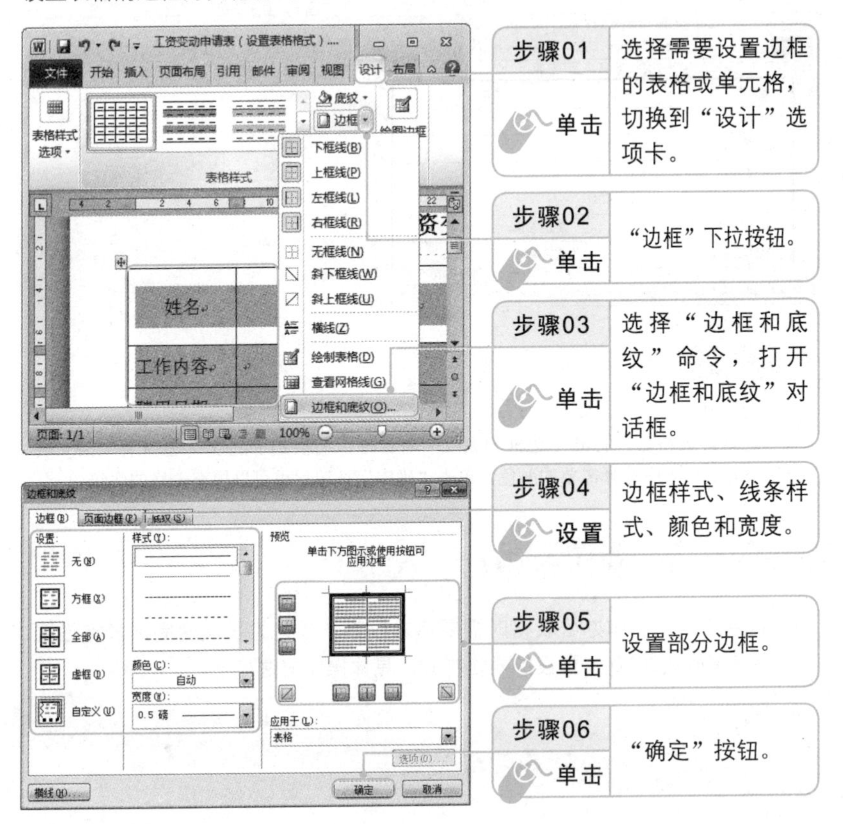

2. 添加底纹

默认情况下，Word 表格中的单元格是无底纹颜色的，用户可以为单元格添加底纹效果来突出显示表格效果，具体操作方法如下。

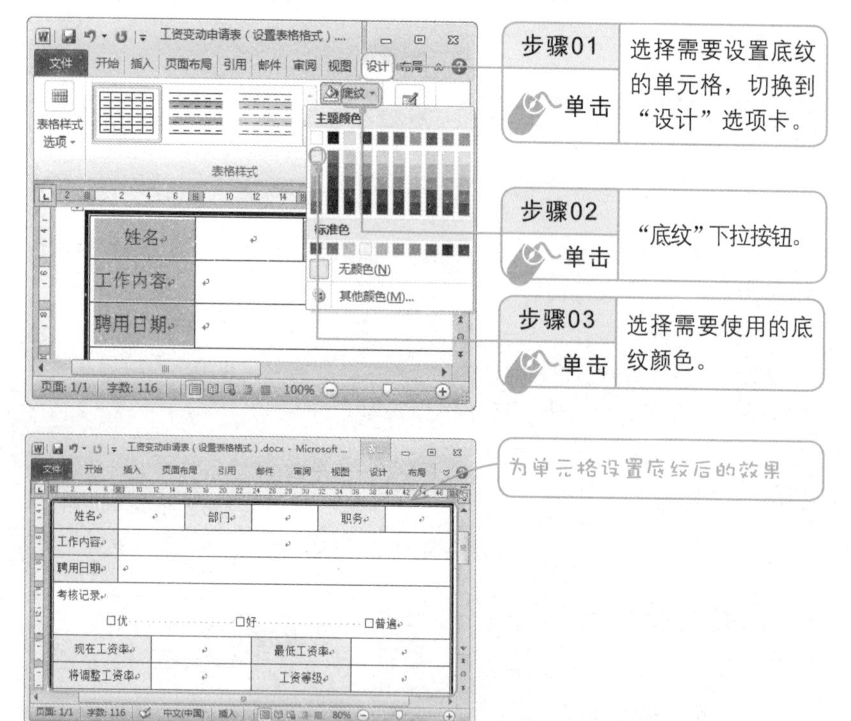

高手点拨

使用对话框设置单元格底纹

选择好表格后，打开“边框和底纹”对话框，切换到“底纹”选项卡，在“填充”下方的列表中选择需要的颜色，单击“确定”按钮后也可以填充表格的底纹。

4.3.3 快速应用表格样式

如果用户在制作办公表格时需要追求效率，或是为了快速完成表格设置，可以使用 Word 2010 中预设的表格样式，具体操作方法如下。

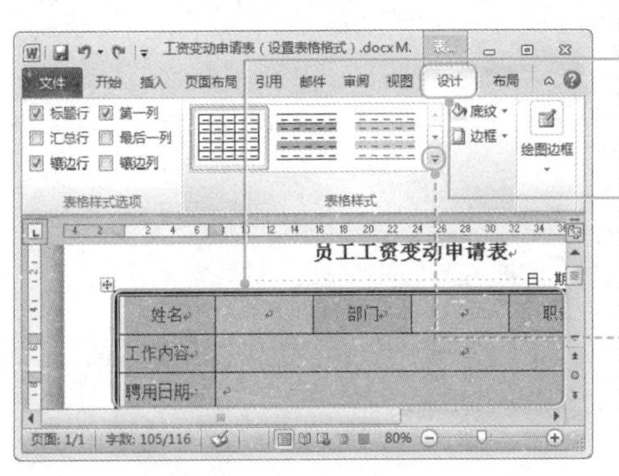

步骤01 单击

选择需要套用样式的表格。

步骤02 单击

切换到“设计”选项卡。

步骤03 单击

在“表格样式”功能组中单击“其他”按钮。

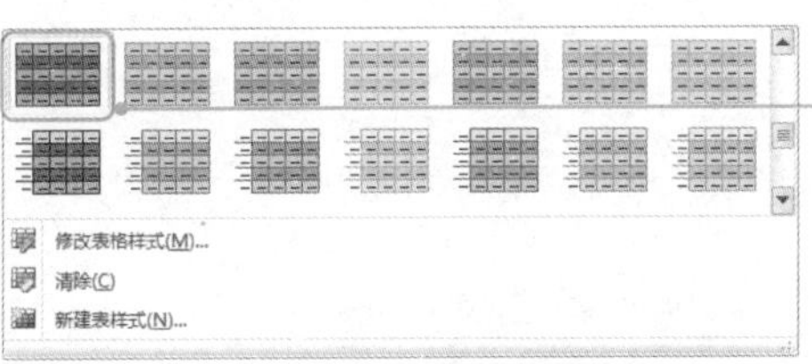

步骤04 单击

选择需要套用的样式。

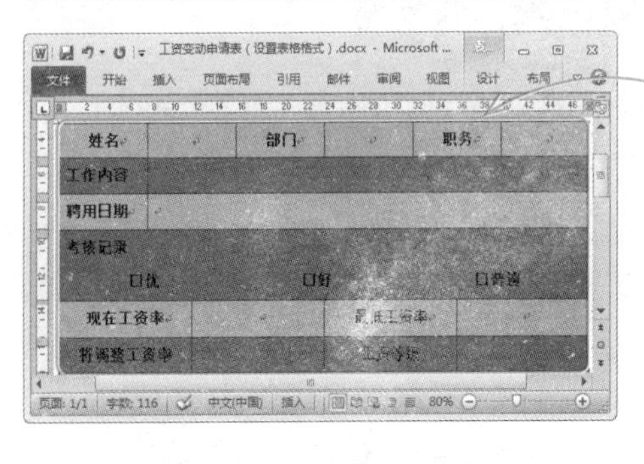

为表格套用样式后，表格的边框、底纹和文本格式都会应用该样式的相关设置

本章学习小结

本章主要为读者介绍制作办公表格的方法，虽然制作表格有功能强大的Excel，但是在制作一些简单的表格时，使用 Word 操作会更加简单，打印时也会更加方便。首先为读者详细介绍办公表格的多种创建方法，然后讲解表格的编辑与修改方法，最后比较系统地讲解表格格式的设置方法。

Chapter

05

制作高级文档——Word文档处理的高级功能

本章导读

通过前面章节的学习，相信读者对 Word 2010 的基础操作技能已经非常熟练了。下面我们就开始学习 Word 强大的自动化文本处理功能。掌握这些功能的操作技能，我们在办公时将达到事半功倍的效果。

知识要点

◎ 懂得使用样式和模板
◎ 学会审阅与修订文档
◎ 掌握Word 2010的引用功能
◎ 学会制作信封和邮件合并

5.1 使用样式与模板

在长文档中，如果对文档一一进行设置会花费大量精力与时间，而掌握样式与模板的使用方法后，将使这些工作变得非常简单与轻松。

光盘路径	素材文件	素材文件 \ 第 5 章 \ 保密制度（使用样式与模板）.docx
	结果文件	结果文件 \ 第 5 章 \ 保密制度（使用样式与模板）.dotx
	教学视频	教学视频 \ 第 5 章 \5-1.mp4

5.1.1 使用样式

Word 2010 中内置了很多样式，用户可以根据需要直接使用。使用样式的具体操作步骤如下。

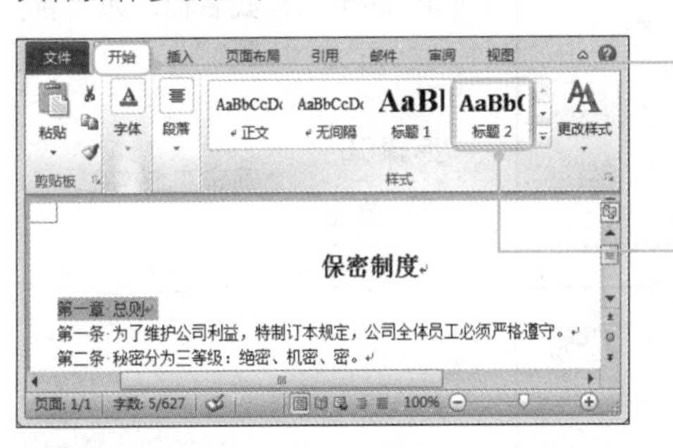

步骤01 单击 选择需要使用样式的段落，切换到“开始”选项卡。

步骤02 单击 在“样式”功能组中选择需要使用的样式，如“标题2”。

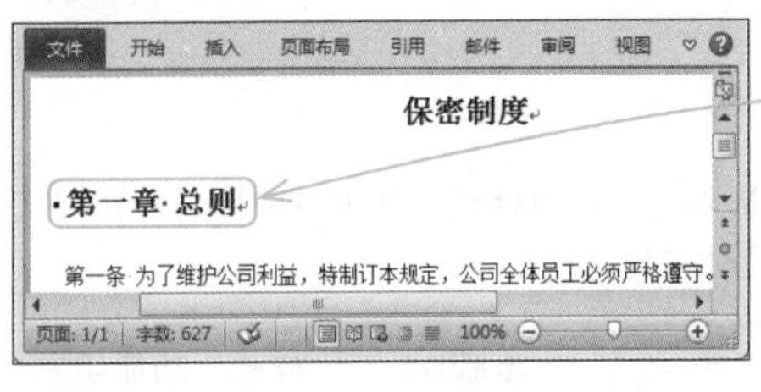

为文本设置样式后，文本的字符格式和段落格式会变成样式的默认格式

5.1.2 创建样式

如果 Word 2010 中内置的样式不能满足工作需要，用户还可以创建新样式，自行设置需要的样式格式。创建新样式有创建快速样式和使用对话框创建新样式两种方法。下面将对这两种方法进行详细介绍。

1. 创建快速样式

创建快速样式可以将设置了各种字符格式和段落格式的文本直接保存为新的快速样式，操作方法如下。

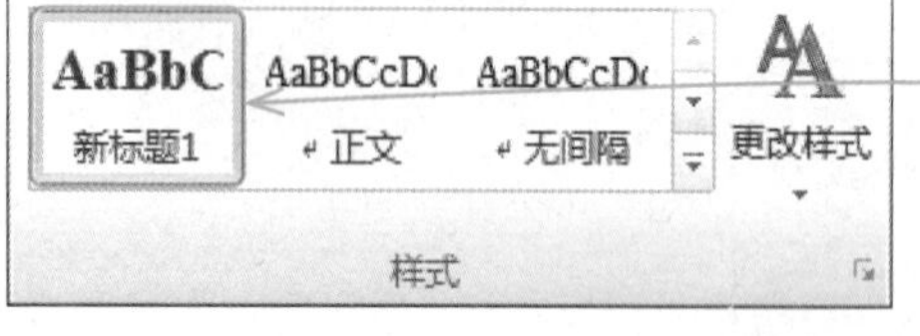

样式创建成功后会显示在样式列表中

2. 使用对话框创建样式

使用对话框可以在已有的样式基础上创建新样式。使用对话框创建新样式可以为样式进行更加详细的设置，具体操作方法如下。

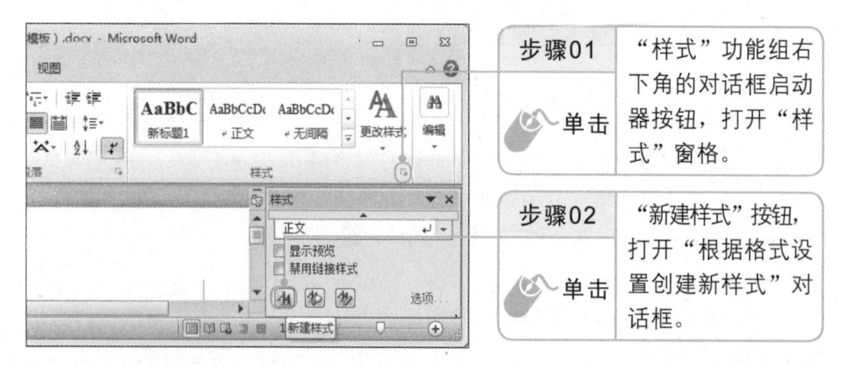

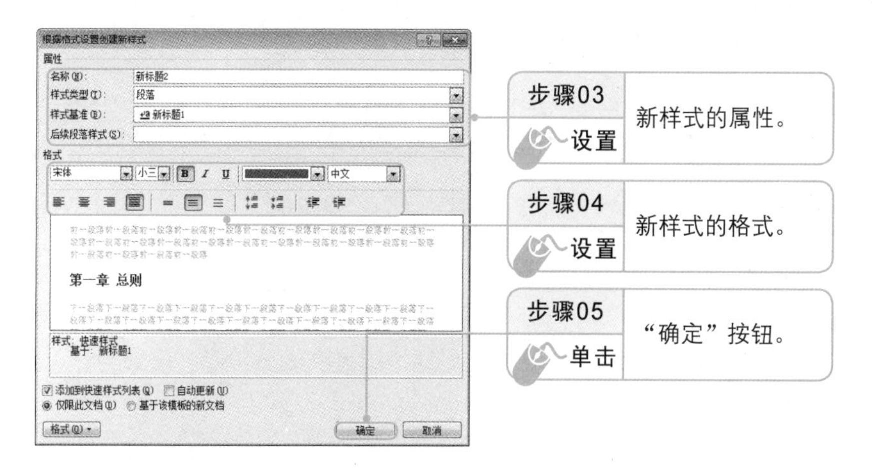

新手注意

单击“根据格式设置创建新样式”对话框左下角的“格式”按钮，还可以对样式的属性和格式进行更加详细的设置。

5.1.3 修改样式

创建样式后，如果需要还可以对样式进行修改，可以修改自定义的样式，也可以修改系统预设的样式，具体操作方法如下。

步骤03	经过上述操作后，将打开“修改样式”对话框。“修改样式”对话框与“根据格式设置创建新样式”对话框的操作方法相同，读者可参照使用对话框创建样式的方法进行操作。

高手点拨

删除新建的样式

选择右键快捷菜单中的“从快速样式库中删除”命令，即可将该样式删除。

5.1.4 将设置好样式的文档创建为模板

如果在一篇文档中设置好了经常使用的样式，那么可以将其创建为模版，便于以后创建新文档时仍使用当前文档中的各种样式，具体操作步骤如下。

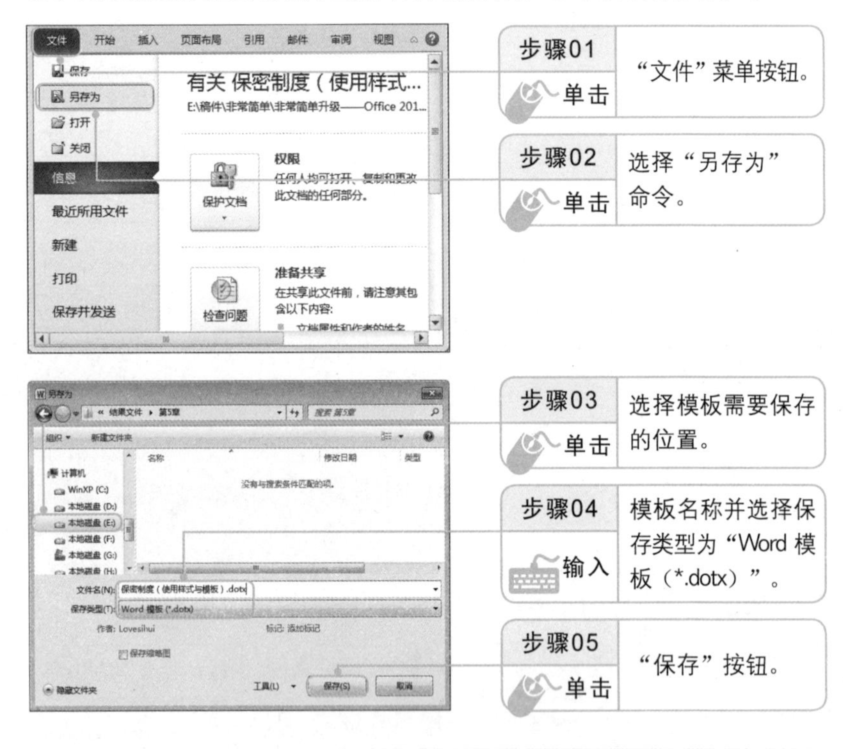

5.1.5 为新文档套用模板

创建模板后就可以将该模板套用到其他文档中了，根据模板的样式为其他文档设置相同的格式。为文档套用模板的操作步骤如下。

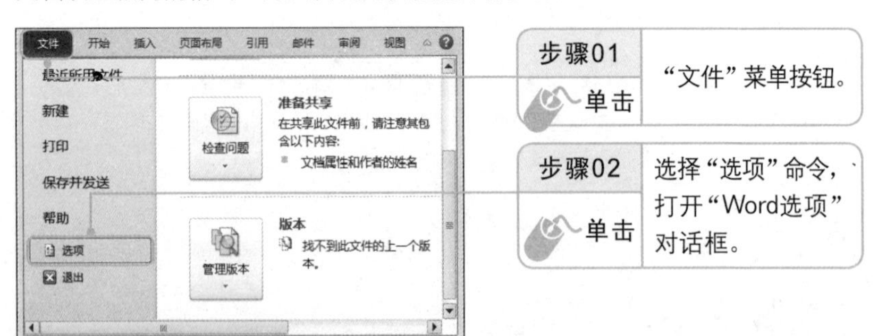

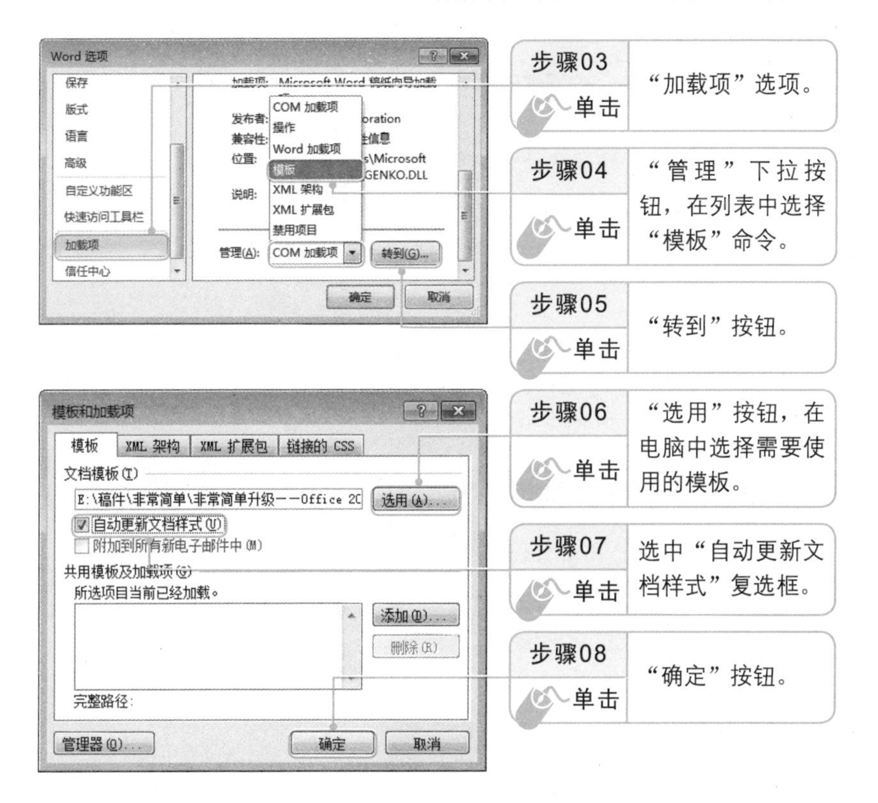

5.2 审阅与修订文档

文档制作完成后，为了避免一些不必要的错误出现，可以对其进行审阅和修订。

光盘路径		
	素材文件	素材文件 \ 第 5 章 \ 工资制度方案（审阅与修订）.docx
	结果文件	结果文件 \ 第 5 章 \ 工资制度方案（审阅与修订）.dotx
	教学视频	教学视频 \ 第 5 章 \5-2.mp4

5.2.1 检查拼写和语法

在文本内容中，拼写和语法是最基础的，一旦出现错误是很难发现的，此时可以使用 Word 的审阅功能。使用 Word 对文档进行拼写和语法检查的操作方法如下。

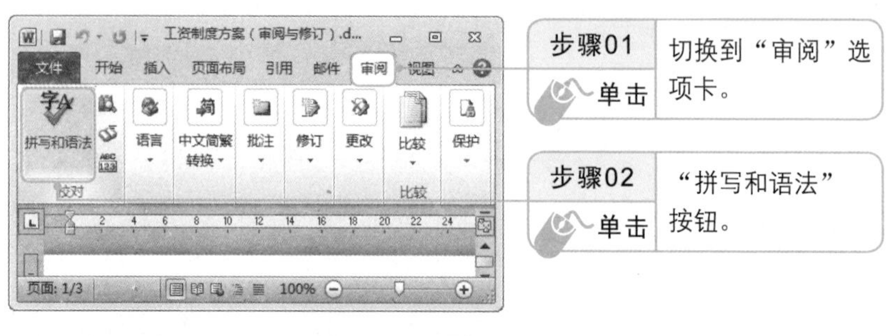

新手注意

有时Word程序会将正确的中文语法识别为错误的，此时单击对话框中的“忽略一次”按钮将其忽略即可，如果确实存在错误，直接在对话框中进行输入修改即可。

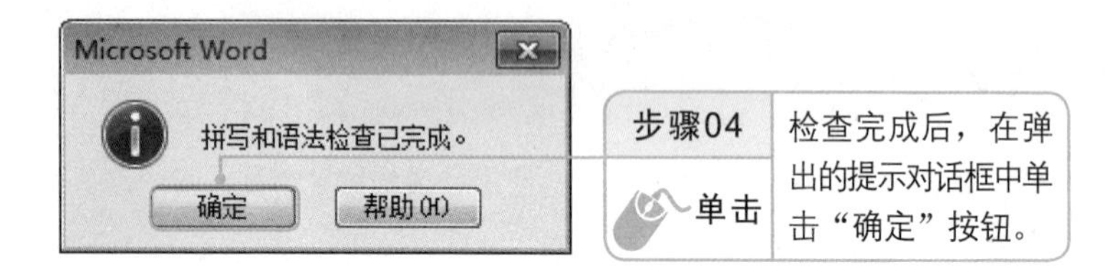

5.2.2 添加批注和修订

添加批注和修订可以使信息更加明确，无论是对文档进行批改还是需要对某些内容进行注释，都可以使用该功能来完成。

1. 添加批注

批注一般用于文档的批阅，内容主要以意见或建议为主。为文档添加批注的具体操作步骤如下。

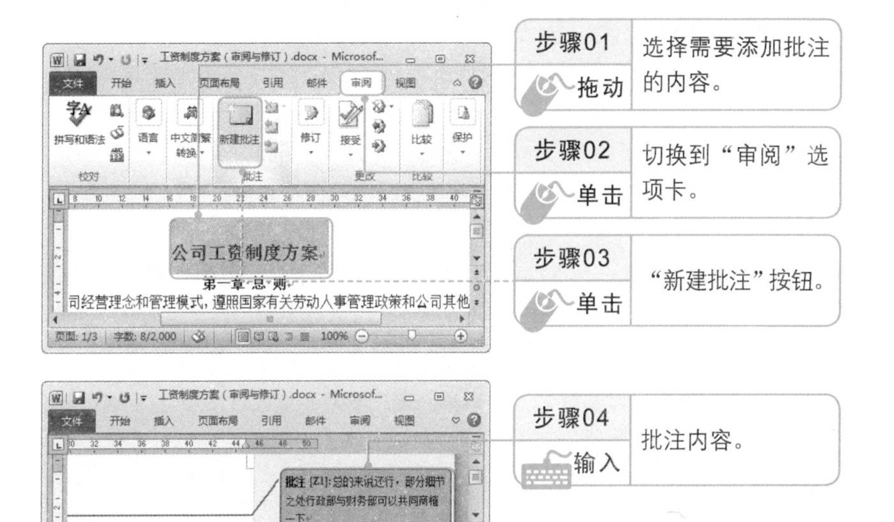

2. 添加修订

在审阅文档时，如果需要对内容进行修改，但又希望保留原有的内容进行参照对比，可以使用修订功能。为文档添加修订的具体操作方法如下。

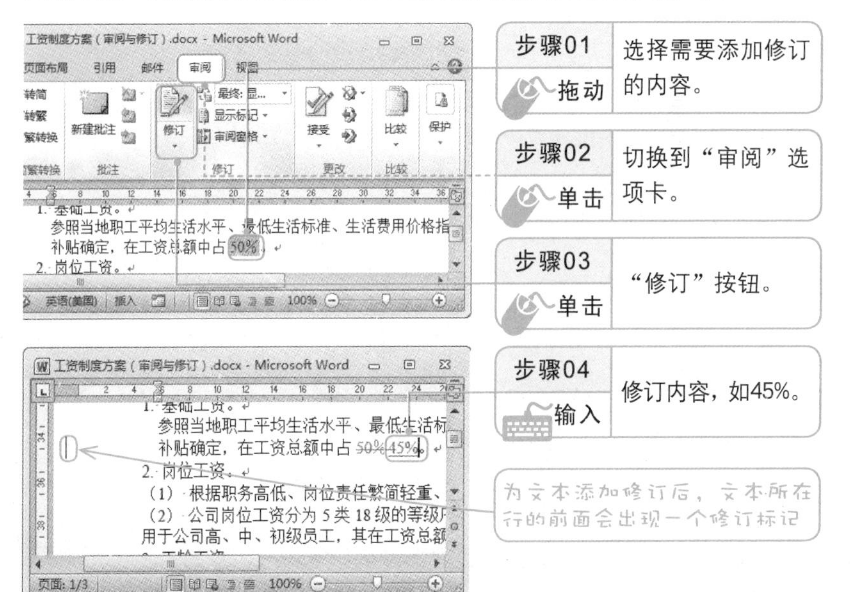

新手注意

如果用户不是修订添加者，而是修订接受者，那么在修改文档时，认为修订正确可以单击“更改”功能组中的“接受”按钮，如果认为修订不正确则可以单击“拒绝”按钮。

5.3 使用引用功能

在长篇文档中，要浏览和查找需要的信息非常麻烦，但是如果为文档制作一些搜索标记，那将会变得非常简便。本节主要介绍使用办公文档的引用功能。

光盘路径		
	素材文件	素材文件 \ 第 5 章 \ 工资制度方案（使用引用功能）.docx
	结果文件	结果文件 \ 第 5 章 \ 工资制度方案（使用引用功能）.dotx
	教学视频	教学视频 \ 第 5 章 \5-3.mp4

5.3.1 插入脚注和尾注

在文档中经常会给一些内容添加注释，此时就可以使用插入脚注和尾注的方法来添加这些注释。

1. 插入脚注

如果插入的注释需要与被注释的内容在同一个页面，则需要使用插入脚注来完成，操作方法如下所示。

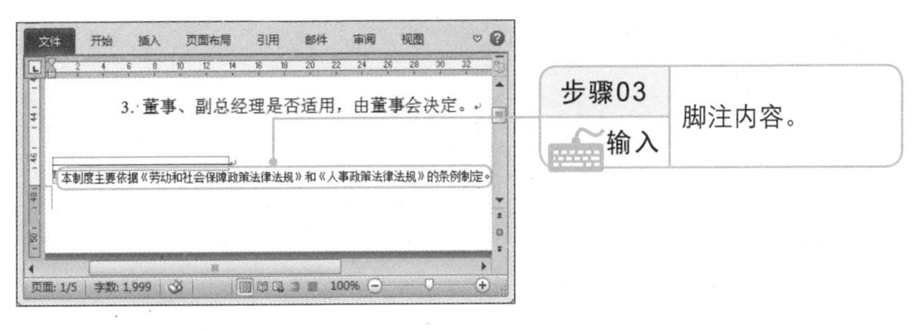

2. 插入尾注

当需要插入的注释不在当前页面，而在文档末尾时，则需要用插入尾注的方法来完成，其操作方法与插入脚注的方法相同。选择需要插入尾注的内容，然后单击“插入尾注”按钮，再输入尾注内容即可。只是在输入尾注内容时，页面会自动跳转到整个文档的末尾，而不是当前页面的末尾。

5.3.2 脚注和尾注间的转换

对于文档中插入的脚注或尾注，如果需要，则可以非常方便地相互转换，即脚注转换为尾注，尾注转换为脚注。转换脚注和尾注的具体操作步骤如下。

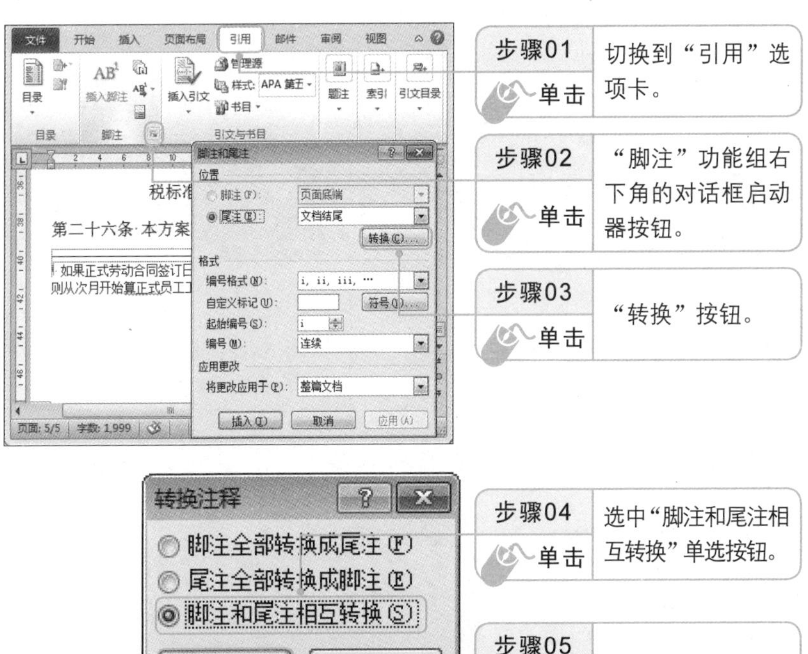

步骤06	完成上述操作后，返回“脚注和尾注”对话框，单击“关闭”按钮即可。

5.3.3 制作目录

目录是一篇文档乃至一本书的大纲提要，如果要将文档中的标题逐个提炼出来制作为目录，那将是一个非常“巨大的工程”。在 Word 中可以直接将文档中套用样式的内容创建为目录，具体操作方法如下。

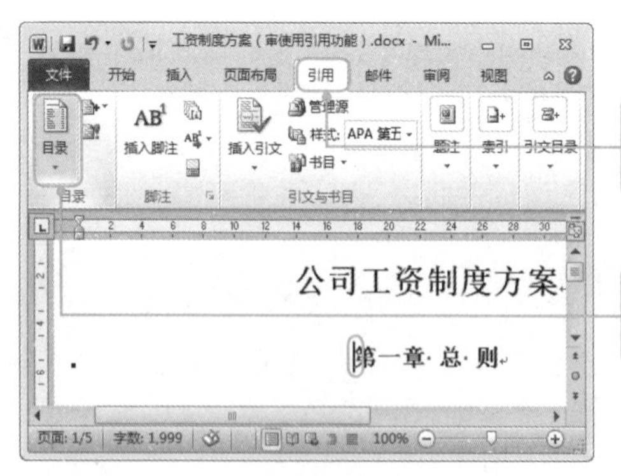

步骤01 单击：定位插入点后，切换到“引用”选项卡。

步骤02 单击：“目录”下拉按钮。

内置
手动目录
目录
键入章标题(第 1 级)......1
键入章标题(第 2 级)......2
键入章标题(第 3 级)......3
键入章标题(第 1 级)......4
自动目录 1
目录
标题 1......1
标题 2......1
标题 3......1
自动目录 2

步骤03 单击：选择一种目录样式，即可创建出文档目录。

新手注意

如果需要对目录进行一些自定义设置，可以在单击“目录”下拉按钮后，选择“插入目录”命令，在打开的对话框中进行设置。

更新目录...

目录

公司工资制度方案......1
第一章 总 则......1
第二章 原则......1
第三章 年薪制......1
第四章 正式员工工资制......2
第五章 非正式员工工资制......5
第六章 附 则......5

目录是一个独立的对象，可以根据需要对其格式进行设置

5.4 制作信封

如果需要邮递的信非常多，逐张填写信封工作量会非常大。使用 Word 的信封创建功能可以快速制作出多个结构相似的信封。当然，也可以制作单个信封。

光盘路径		
	素材文件	素材文件＼第 5 章＼收件人信息 .xlsx
	结果文件	结果文件＼第 5 章＼单个信封 .dotx、批量信封 .docx
	教学视频	教学视频＼第 5 章＼5-4.mp4

5.4.1 制作单个信封

在 Word 中，可以非常方便地制作信封，下面为读者介绍制作单个信封的方法，具体操作步骤如下。

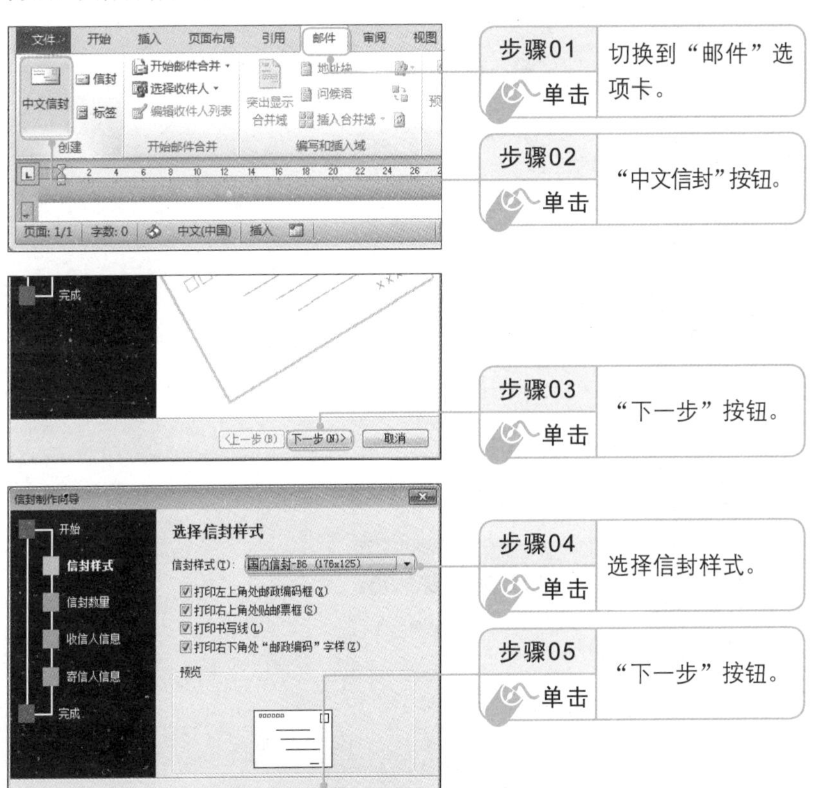

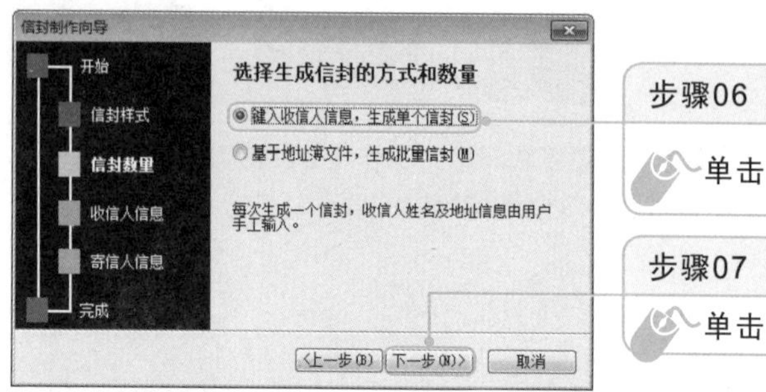

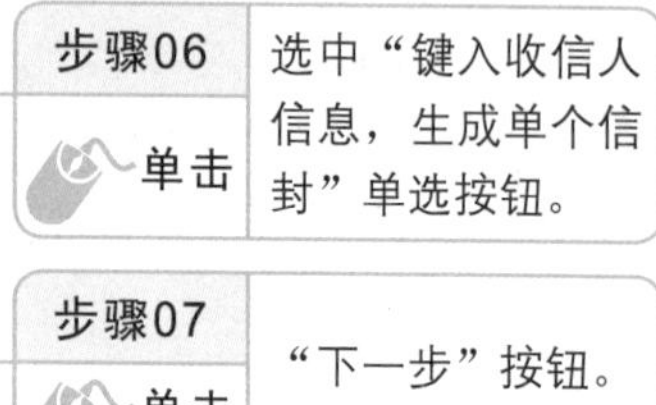

步骤06 单击

选中“键入收信人信息，生成单个信封”单选按钮。

步骤07 单击

“下一步”按钮。

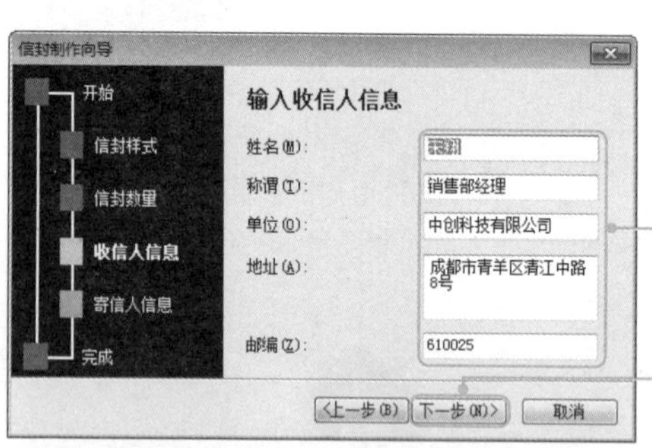

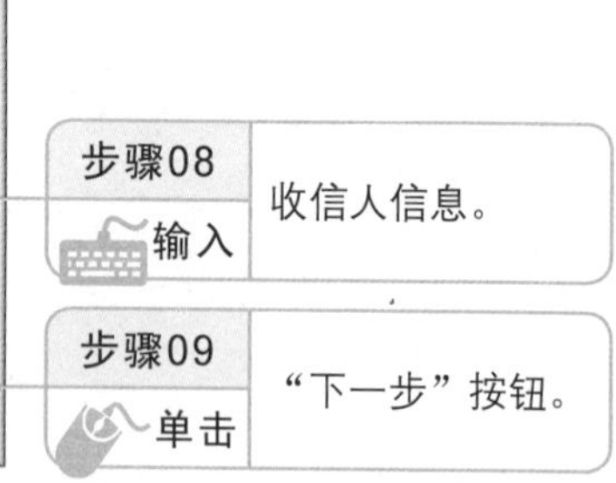

步骤08 输入

收信人信息。

步骤09 单击

“下一步”按钮。

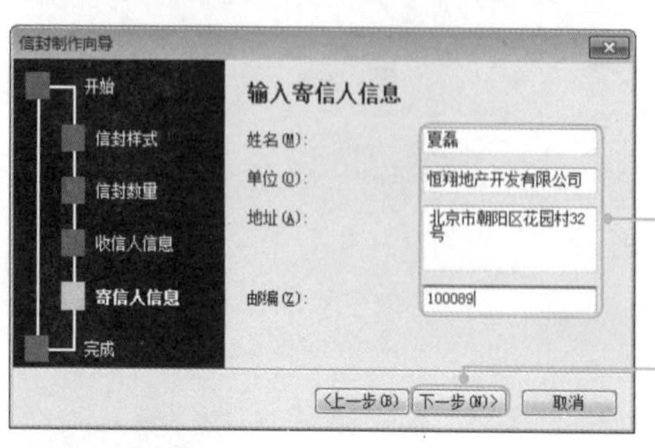

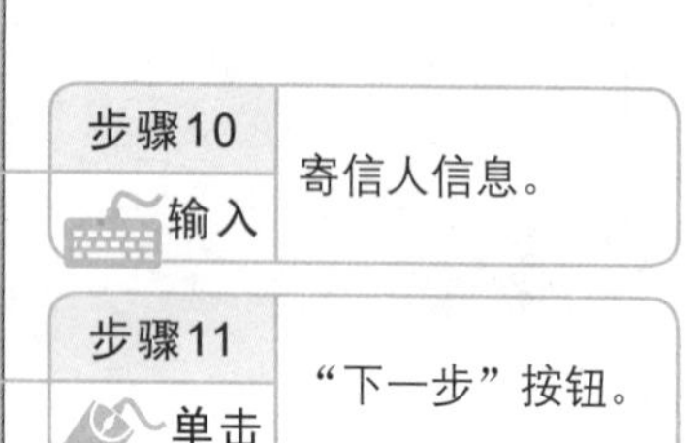

步骤10 输入

寄信人信息。

步骤11 单击

“下一步”按钮。

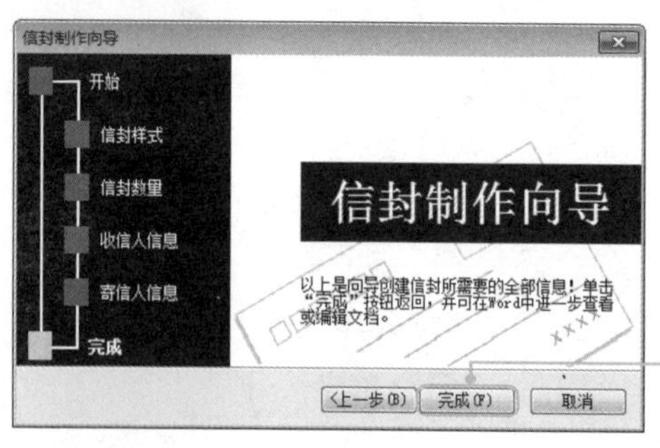

步骤12 单击

“完成”按钮。

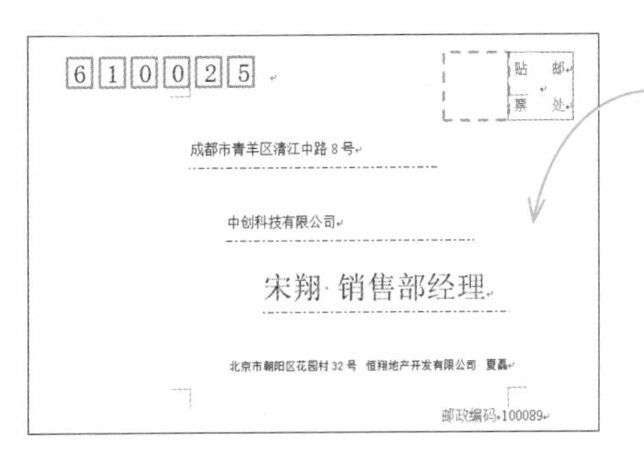

完成上述操作后，Word程序会自动生成一个信封，最后将其保存即可

5.4.2 制作批量信封

制作批量信封与制作单个信封的操作基本相同，只是在添加收件人信息时有所区别，下面将进行详细介绍。

步骤01 按照制作单个信封的步骤，选择好信封尺寸，然后单击“下一步”按钮，进入选择生成信封的方式和数量的界面。

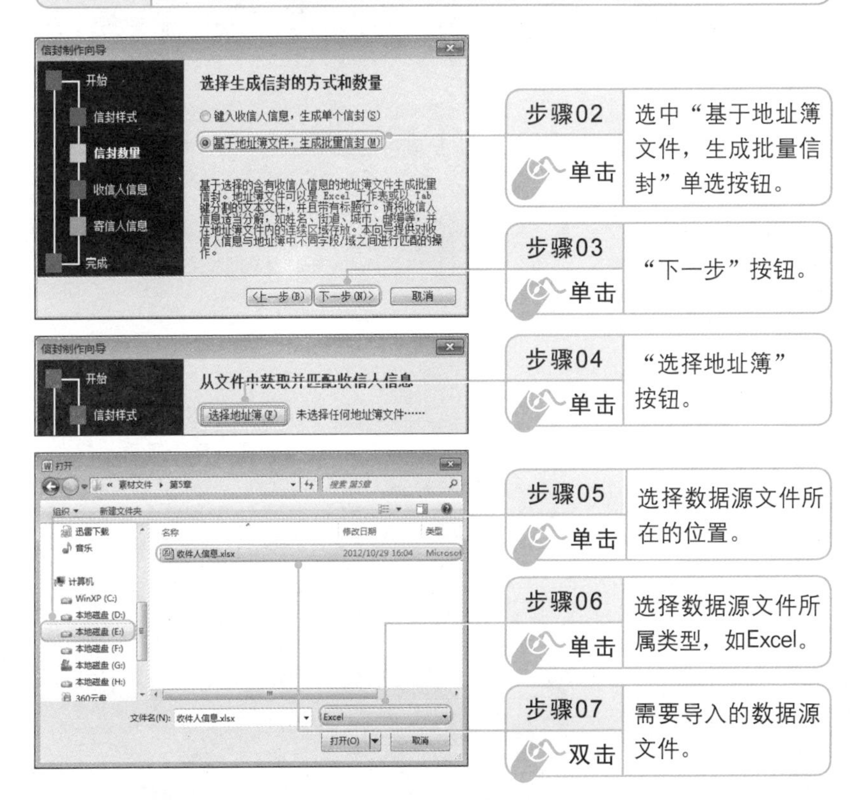

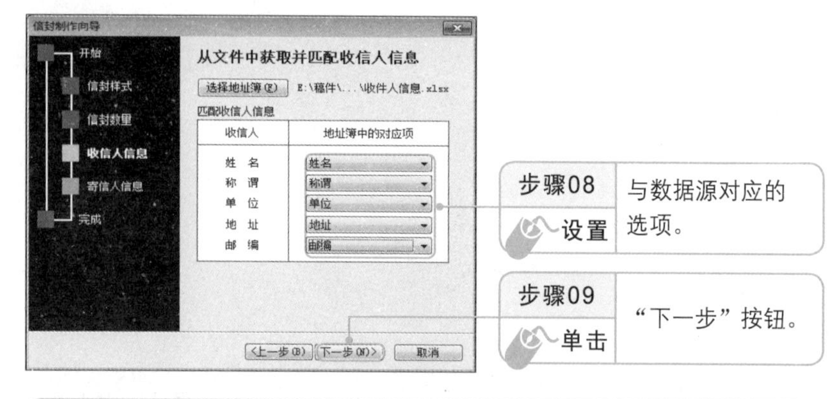

步骤10	完成上述操作后，"信封制作向导"对话框会进入寄信人信息输入界面，往后的操作与制作单个中文信封的操作相同，此处不再重复讲解。

5.5 制作邮件合并

邮件合并功能的目的是快速创建一个文档，并将它发给多个人。也就是说，每个文档的整体结构相同，只是其中的某个或几个细微处有所不同。

光盘路径	素材文件	素材文件\第5章\员工表彰证书.docx、获奖员工.docx
	结果文件	结果文件\第5章\员工表彰证书.docx
	教学视频	教学视频\第5章\5-5.mp4

5.5.1 编辑主文档

制作合并邮件，首先需要编辑一个主文档。主文档是合并邮件中的主体，它是除了那些个别不同部分之外的公共部分。

例如要制作员工表彰证书，启动Word 2010，输入证书的标题，然后输入正文内容，并设置好标题及正文格式，如右图所示，最后将该文档保存即可。

2012年工作考核表彰证书

的同事，在2012年的年度考核中，获得的殊荣，特颁发此证书以资鼓励，望再接再厉，创出更好的业绩！

恒翔公司董事会

2012年12月20日

5.5.2 编辑数据源文档

制作好文档后，还需要制作数据源文档。数据源文档需要制作成一个表格，将关键字以列排列，在各行中输入要插入到主文档的内容。

新建一个名为“获奖员工”的 Word 文档，然后根据颁发的证书数量，插入一个 3 列 7 行的表格，在表格中输入获证书者的信息，如下图所示，然后保存。

姓名	部门	名次
夏磊	销售部	第 1 名
顾强	行政部	第 2 名
张涛	企划部	第 1 名
蒋平	人事部	第 3 名
李海东	销售部	第 2 名
孙文兵	企划部	第 3 名

5.5.3 向主文档中插入合并域

在制作好邮件合并主文档与数据源文档后，就可以将数据源文档中的数据添加到主文档中了。向主文档中插入合并域的具体操作如下。

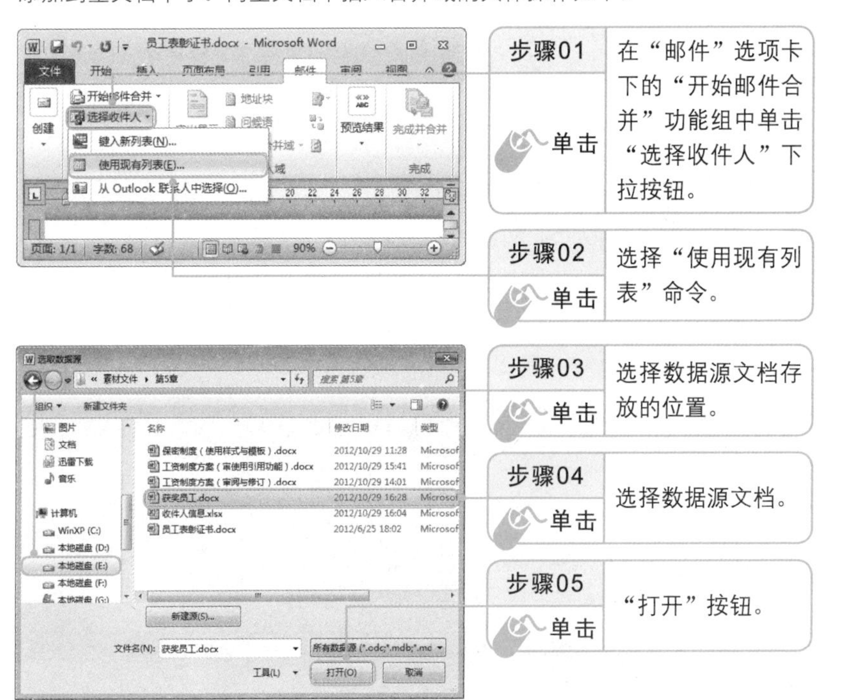

步骤09	按照上述方法，分别在“的同事”左侧插入合并域“姓名”，在“的殊荣”左侧插入合并域“名次”。

5.5.4 完成并生成多个文档

在确认文档正确无误后，就可以对文档完成最终的制作了，具体操作方法如下。

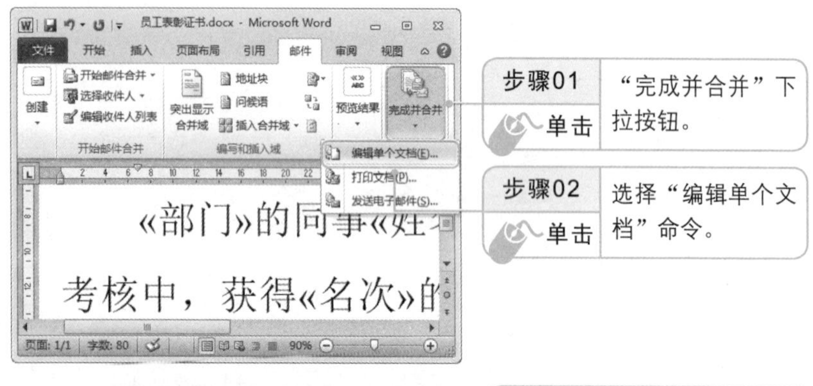

步骤05	完成以上步骤后，Word程序会自动生成一个合并邮件文档，最后将其保存即可。

预览邮件

单击“预览结果”按钮，可以预览邮件生成后的效果。

本章学习小结

本章主要为读者介绍 Word 2010 较深层的内容，虽然这些功能在制作一般文档时不会使用，但要深入了解 Word，这些知识不可不学。本章首先讲解样式和模板的使用，然后讲解如何审阅和修订文档，接着讲解制作长篇文档必会的引用功能，最后讲解信封和邮件合并的制作。

Chapter 06

使用智能表格——创建与编辑Excel电子表格

本章导读

在前面的章节中已经介绍过如何使用Word制作办公表格的方法，但在Word中只能对数据进行简单的处理，在处理一些较为复杂的表格数据时，还必须使用Excel进行处理。Excel的数据处理功能非常强大，本章就开始对Excel 2010进行介绍。

知识要点

◎ 学会在Excel表格中输入各种数据
◎ 掌握行/列的设置与编辑
◎ 学会编辑表格的格式
◎ 懂得管理Excel工作表

6.1 输入与编辑表格数据

Excel 电子表格的基础操作包括表格对象的选择和数据的输入与编辑。表格对象的选择与 Word 办公表格的选择的方法基本相同，此处不再进行详细介绍。下面就从表格数据的输入与编辑开始讲解。

 光盘路径	素材文件	素材文件\第6章\歌唱比赛报名表(输入与编辑数据).xlsx
	结果文件	结果文件\第6章\歌唱比赛报名表(输入与编辑数据).xlsx
	教学视频	教学视频\第 6 章\6-1.mp4

6.1.1 输入数据

要使用 Excel 对数据进行管理，首先需要输入数据。在 Excel 中可以输入多种数据类型，下面将介绍在 Excel 2010 中输入数据的方法。

1. 输入文本和数字

在 Excel 2010 中，文本和数字的输入方法非常简单。首先用鼠标单击需要输入数据的单元格，然后直接使用键盘按照相应的输入法输入，在数据输入完后按 Enter 键即可，如果需要继续在后一个单元格输入，可按 Tab 键或者用鼠标单击。

2. 输入日期与时间

日期和时间数据是比较特殊的数值数据，在 Excel 2010 中输入是需要掌握输入技巧的。

输入日期和时间数据的方法如下表所示。

数据类型	输入方法
日期	年、月、日之间可以使用“-”或“/”隔开。如需输入2013年1月1日，则输入“2013-1-1”或“2013/1/1”
时间	时、分、秒之间使用“：”隔开，如果要表示上午或下午，可在时间后输入空格，然后输入AM表示上午，输入PM表示下午

高手点拨

输入当前的日期和时间

在Excel 2010中，如果要输入系统当前的日期，可以按“Ctrl+;”组合键；如果要输入系统当前的时间，可以按“Ctrl+Shift+;”组合键。

3. 输入文本格式的数字

在工作表中输入数据时，经常需要输入一些特殊数据，如编号（001、002）、身份证号、负数、分数，电话号码等，需要使用特殊的方法才能输入这类数据，具体操作方法如下。

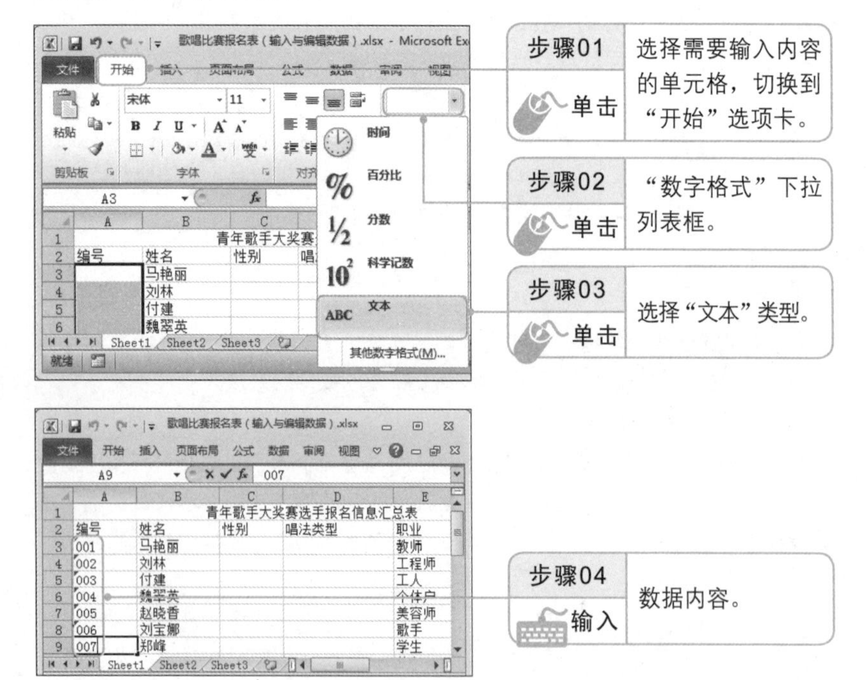

高手点拨

使用单引号快速输入文本格式的数字

在输入文本格式的数字时，可在输入数字前加上单引号“’”，此操作可将数字作为文本处理。

6.1.2 快速填充数据

在 Excel 中输入较多的数据时，如果这些数据是相同数据或序列数据，可以使用快速填充数据的方法来完成数据输入，以提高工作效率。

1. 快速输入相同的数据

如果多个连续的单元格输入的是相同内容，可以只在第一个单元格中输入内容，然后进行快速填充。例如，要在 A1:A10 单元格区域中输入相同的数据“1”时，具体操作方法如下。

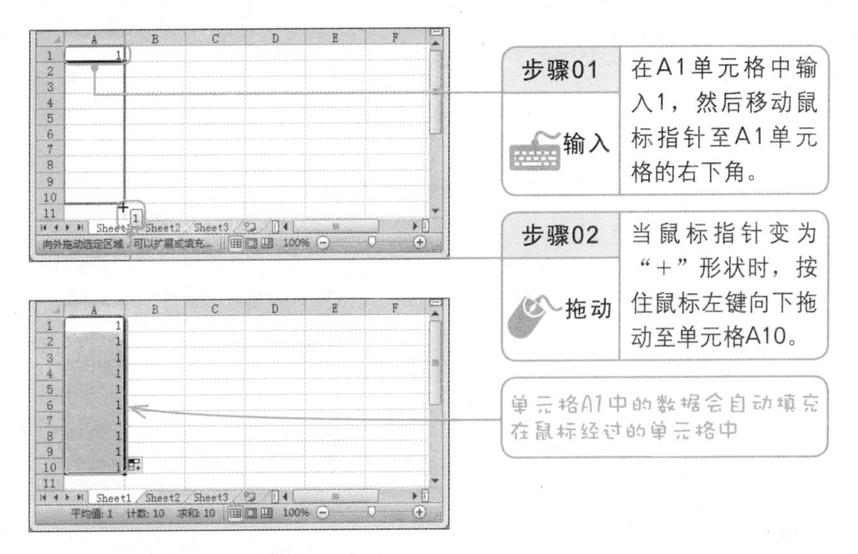

2. 快速输入序列数据

如果多个连续的单元格输入的是序列数据，可以只在相邻的两个单元格中输入内容，然后进行快速填充。例如，要在 A1:A10 单元格区域中输入序列数据"1 ～ 10"，具体操作方法如下。

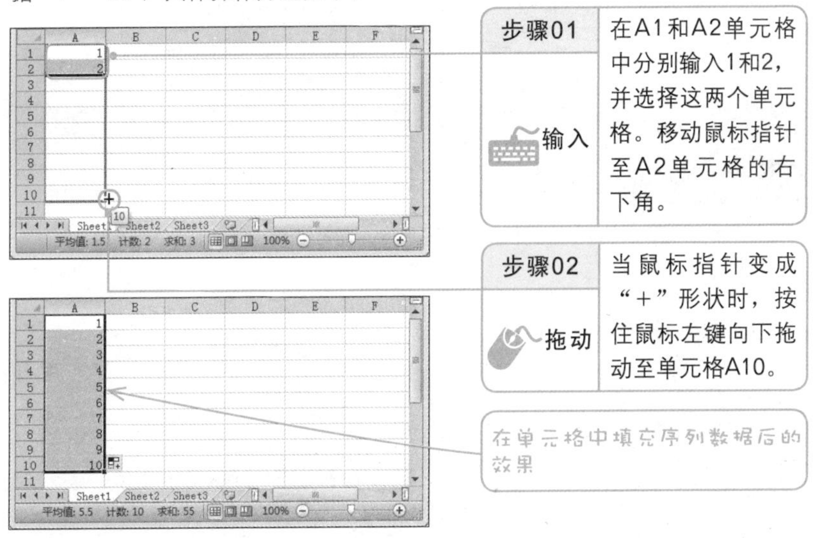

新手注意

如果需要输入其他的序列数据，可以在"开始"选项卡下的"编辑"功能组中单击"填充"按钮，选择"系列"命令，然后在打开的"序列"对话框中进行设置。

6.1.3 设置数据有效性

在 Excel 中，为了在限定范围内输入数据，可以采用数据有效性的方法来进行控制，这样不但可以方便地从指定范围内选择需要输入的数据，而且可以保证用户在手动输入数据出错时给出提示信息，具体操作方法如下。

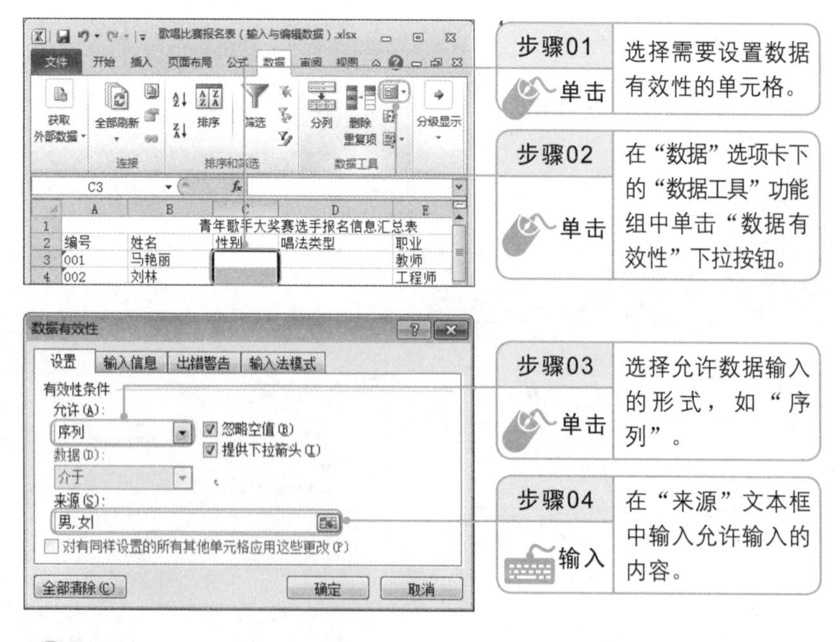

新手注意

如果需要在“来源”文本框中输入多个内容，必须使用英文状态下的逗号“,”进行分隔。

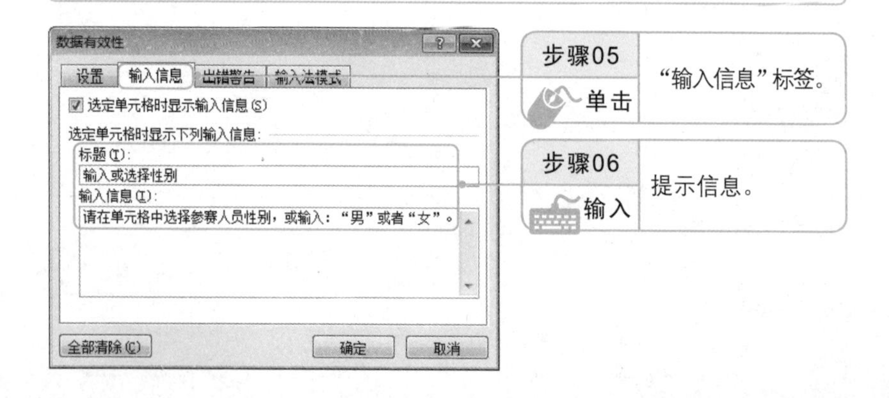

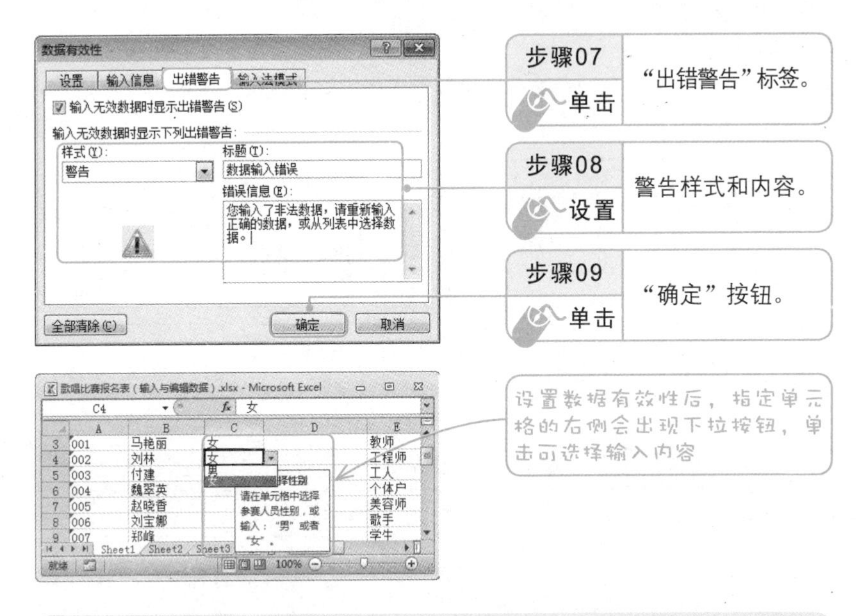

6.1.4 复制与移动数据

Excel 中复制与移动数据的方法与在 Word 中复制、移动文档内容的方法相同。选择数据内容，使用“开始”选项卡下的“剪贴板”功能组中的相关按钮进行操作即可，详细步骤可参考 2.1.3 小节中的内容。

6.1.5 修改与删除数据

在输入数据时，难免有出错的时候，此时需要对错误的数据进行修改或删除。Excel 中修改与删除数据与在其他程序中修改与删除数据的方法有所不同，下面分别进行讲解。

1. 修改数据

在 Excel 表格中，如果要修改单元格中所有的内容，单击后直接输入内容即可，但如果只需要修改单元格中部分内容，则需要双击单元格，然后将插入点定位在需要修改的位置。

2. 删除数据

在 Excel 表格中删除数据非常简单，只需要选中要删除数据的单元格，直接按 Backspace 或 Delete 键即可。

6.1.6 查找和替换数据

使用查找功能可以快速找到工作表中指定的内容，如果要对查找到的内容进行统一修改，在 Excel 2010 中也能快速地完成。

1. 查找数据

查找数据可以非常快速地在大量数据中将指定数据锁定。例如在文档中查找“中天公司”文本，具体操作方法如下。

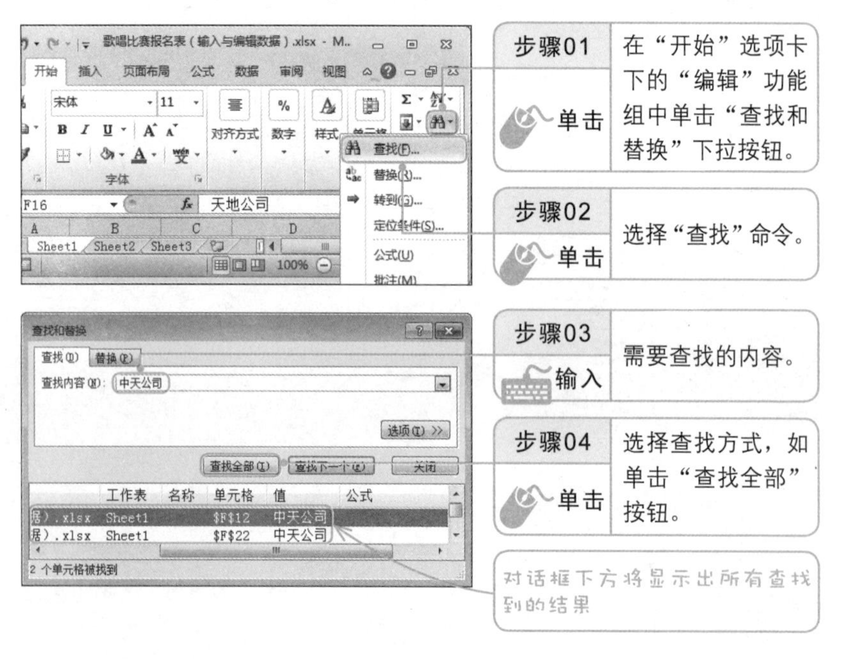

2. 替换数据

替换数据可以将查找的数据快速地更改为其他数据。例如，将“中天公司”文本替换为“宗天公司”文本，具体操作方法如下。

步骤01	单击“查找和替换”按钮，在下拉列表中选择“替换”命令。

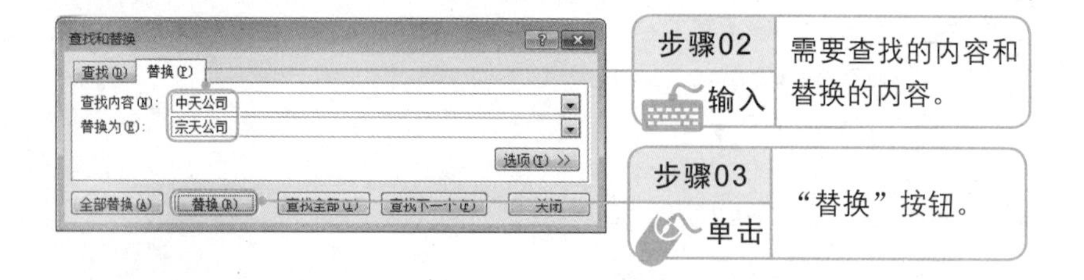

6.2 行/列的设置与编辑

在表格中输入数据后，一般情况下还需要对表格进行调整，包括插入行和列、设置行高和列宽及行/列的隐藏与显示等操作。下面就对这方面的知识进行介绍。

光盘路径		
	素材文件	素材文件\第6章\歌唱比赛报名表(设置与编辑行列).xlsx
	结果文件	结果文件\第6章\歌唱比赛报名表(设置与编辑行列).xlsx
	教学视频	教学视频\第6章\6-2.mp4

6.2.1 插入与删除行/列

在输入数据时，如果漏输了某行/列的内容，或者重复输入了某行/列的内容，可以进行相应的插入或删除操作。

1. 插入行或列

用户可以在工作表的行与行之间插入新的行，在列与列之间插入新的列，这样便于添加遗漏的数据。插入行的具体操作方法如下。

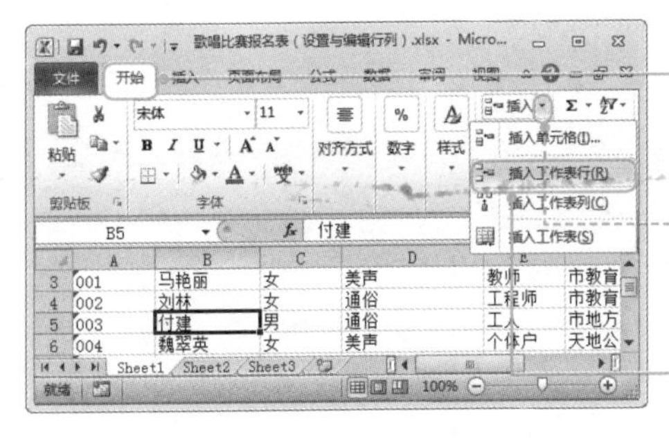

步骤01 单击 切换到“开始”选项卡。

步骤02 单击 “插入”下拉按钮。

步骤03 单击 选择“插入工作表行”命令。

新手注意

插入列的方法与插入行的方法基本相同，选择要插入列的任意单元格，在“插入”下拉列表中选择“插入工作表列”命令即可。在Excel 2010中，插入的列默认在选中单元格的左边，插入的行默认在选中单元格的上方。

2. 删除行或列

如果要将工作表中的某一行或某一列数据全部删除，在Excel 2010中可以直接将整行的数据以及表格一起删除。删除行的具体操作方法如下。

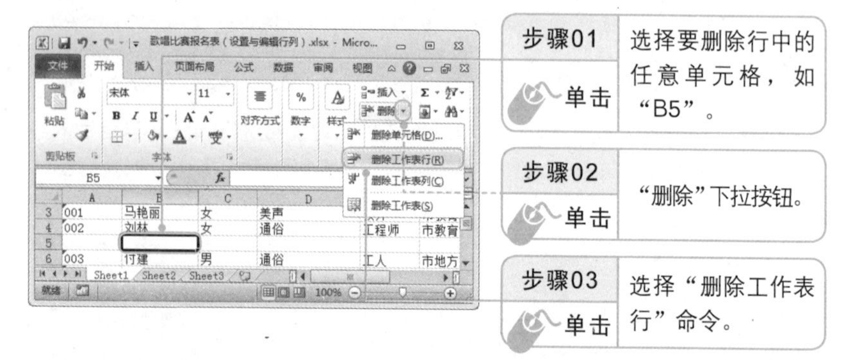

新手注意

删除列的方法与删除行的方法基本相同，选择要删除列的任意单元格，在“删除”下拉列表中选择“删除工作表列”命令即可。

6.2.2 设置行高与列宽

为了让表格中的数据能够充分地显示出来，有时候需要对表格进行调整。在 Excel 中调整表格的行高和列宽与在 Word 中调整表格的操作方法类似。调整行高和列宽的方法如下。

1. 使用鼠标拖动设置行高和列宽

通过拖动鼠标的方法即可快速调整单元格行高和列宽，具体操作方法如下。

- 调整行高：将鼠标指针指向行标的边框，当鼠标指针变为✢形状时，按住鼠标左键并拖动鼠标即可改变工作表的行高，如下左图所示。
- 调整列宽：将鼠标指针指向列标的边框，当鼠标指针变为✢形状时，按住鼠标左键并拖动鼠标即可改变工作表的列宽，如下右图所示。

2. 精确设置行高和列宽

通过“行高”与“列宽”对话框可以精确设置表格中的行高与列宽，下面以调整行高为例，具体操作方法如下。

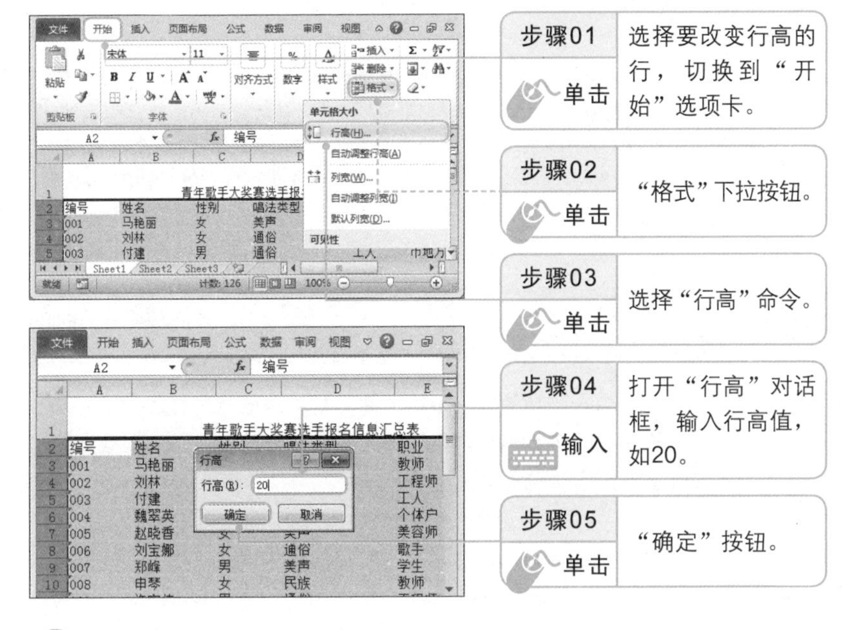

新手注意

设置列宽的方法与设置行高的方法基本相同，只需要在单击“格式”下拉按钮后，在下拉列表中选择“列宽”命令，在打开的“列宽”对话框中进行设置即可。

6.2.3 行/列的隐藏与显示

在查看一些较大的工作表时，当查看到表格末尾的数据时，无法看到表头，这样非常不利于数据的查看，此时可以将中间的行或列进行隐藏。

例如，要隐藏表格中“职业”列中的数据，具体操作方法如下。

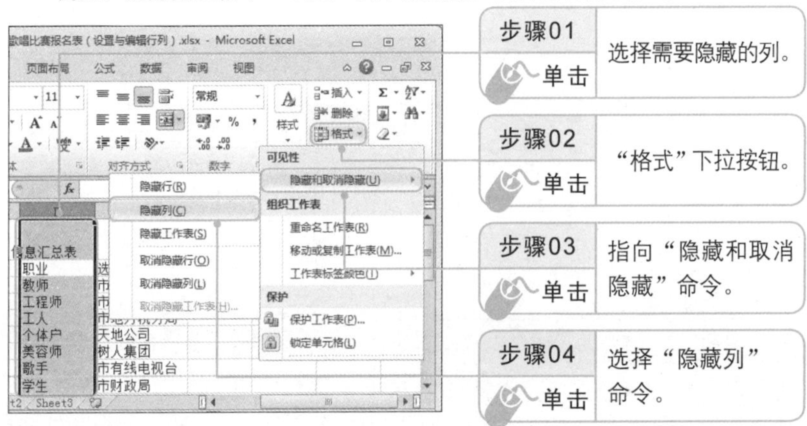

新手注意

隐藏行的方法与隐藏列的方法基本相同，选择要隐藏的行，单击“格式”下拉按钮，在弹出的下拉列表中指向“隐藏和取消隐藏”命令，然后选择“隐藏行”命令。

当需要显示隐藏了的行或列时，只需要选中与隐藏的行或列相邻的两行（例如，隐藏了B列，则需选中A、C两列），然后按照隐藏行或列的操作步骤，指向“隐藏和取消隐藏”命令，选择“取消隐藏行”或“取消隐藏列”命令即可。

6.3 编辑表格的格式

要制作出一个令人称赞的电子表格，并不是单纯地罗列好数据就可以了，还需要对表格格式进行编辑，包括单元格的拆分与合并、设置数据的对齐方式、设置表格边框和底纹等。

光盘路径		
	素材文件	素材文件 \ 第 6 章 \ 歌唱比赛报名表（编辑表格格式）.xlsx
	结果文件	结果文件 \ 第 6 章 \ 歌唱比赛报名表（编辑表格格式）.xlsx
	教学视频	教学视频 \ 第 6 章 \6-3.mp4

6.3.1 合并与拆分单元格

在制作表格的过程中，有时需要根据具体情况将多个单元格合并为一个单元格，有时也需要将合并后的单元格进行拆分操作。

1. 合并单元格

有时需要将几个单元格中的数据合并到一个单元格中，或者希望将标题同时输入到几个单元格中，这时就可以通过合并单元格的操作来完成。合并单元格的具体操作方法如下。

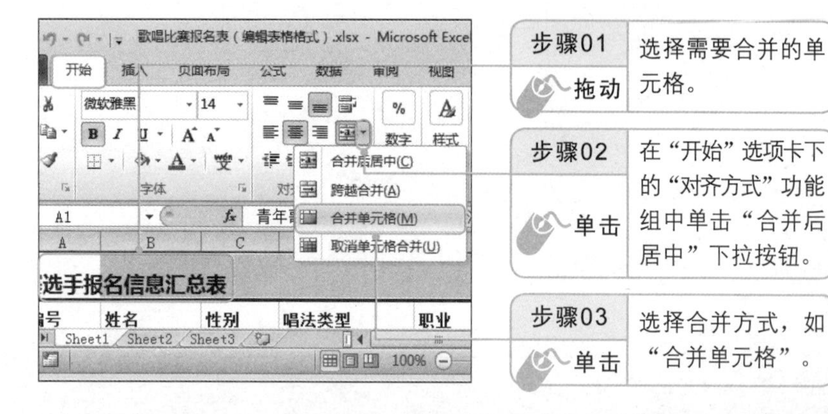

新手注意

如果需要将合并后的数据放在单元格中间，则直接单击“合并后居中”按钮即可。单击“合并后居中”下拉按钮，在打开的下拉列表中选择“跨越合并”命令，可只对行单元格合并，并不合并列单元格。

2. 拆分单元格

Excel 中的拆分单元格与 Word 中的拆分单元格是不同的。在 Excel 中不能对默认的单元格进行拆分，只能将合并后的单元格进行拆分，并且只能拆分至默认单元格大小。

拆分单元只需要在单击“合并后居中”下拉按钮后，在下拉列表中选择“取消合并单元格”命令即可。

6.3.2 设置数据对齐方式

数据的垂直对齐方式包括顶端对齐、垂直居中、底端对齐；水平对齐方式包括文本左对齐、居中、文本右对齐等。为了使数据更加规范，可以为其选择合适的对齐方式。

例如，要为表格中的数据设置垂直居中和居中效果时，具体设置方法如下。

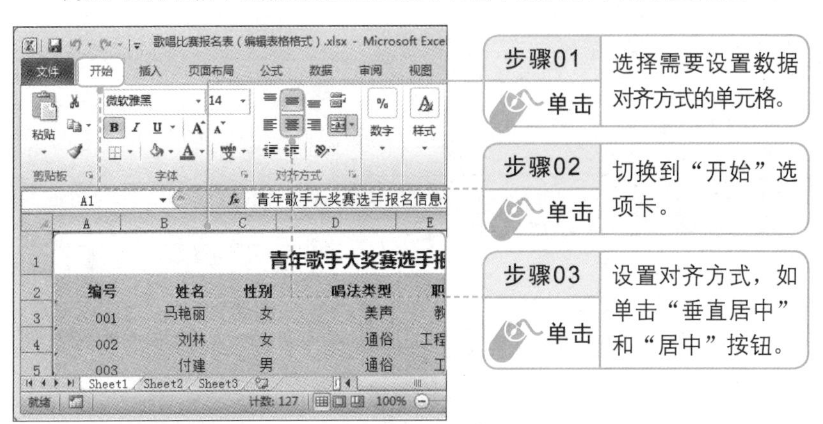

6.3.3 设置表格边框和底纹

为表格设置边框和底纹，不仅可以美化表格，还可以使表格数据更加方便进行查看。设置边框和底纹的具体操作方法如下。

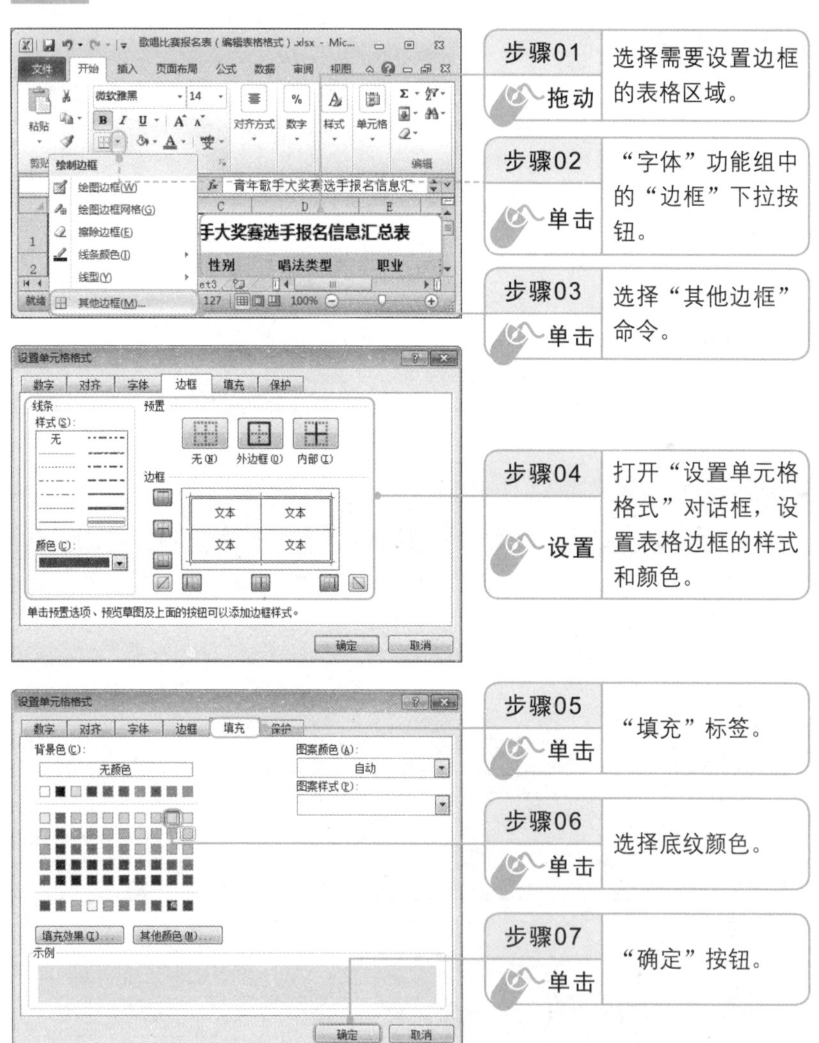

高手点拨

快速填充表格底纹

设置表格底纹可以直接选择需要设置底纹的表格，然后单击“开始”选项卡下“字体”功能组中的“填充颜色”下拉按钮，选择需要的颜色进行填充。

6.4 管理工作表

工作表是 Excel 的工作平台，用于处理和存储数据，所以要利用好 Excel 的数据处理功能，还应该懂得管理工作表。

光盘路径		
	素材文件	素材文件 \ 第 6 章 \ 单据（管理工作表）.xlsx
	结果文件	结果文件 \ 第 6 章 \ 单据（管理工作表）.xlsx
	教学视频	教学视频 \ 第 6 章 \6-4.mp4

6.4.1 插入与删除工作表

为了便于整理，一般会将多个工作表放在同一个工作簿中，此时就会涉及插入与删除工作表的操作。

1. 插入工作表

当用户所需要的工作表超过 Excel 默认的数目时，就需要在工作簿中插入工作表，具体操作方法如下。

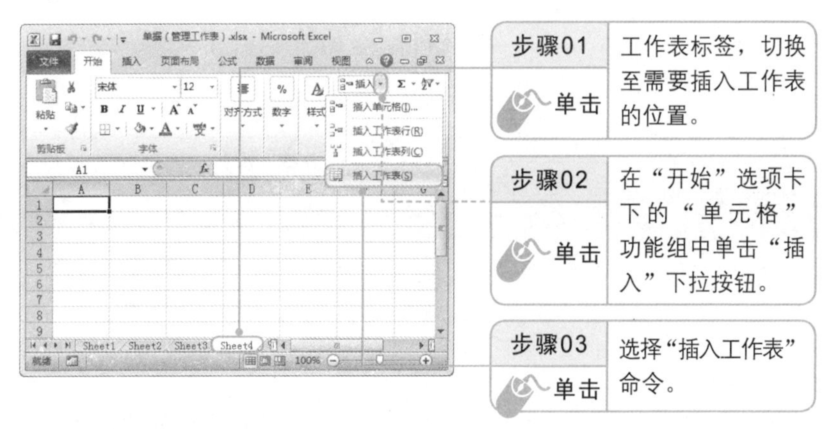

新手注意

单击工作表标签右侧的“插入工作表”按钮，可以快速插入一张工作表。

2. 删除工作表

如果工作簿中存在不需要的工作表，可以将其删除，具体操作方法如下。

单击要删除的工作表标签，然后切换到“开始”选项卡，在“单元格”功能组中单击“删除”下拉按钮，在弹出的列表中选择“删除工作表”命令即可删除工作表。

6.4.2 重命名和着色工作表

一个工作簿中的工作表过多时，为了更好地区分工作表的数据，将工作表进行重命名和改变工作表标签的颜色。

1. 重命名工作表

重命名工作表可以让工作表内容在标签上得到体现，这样更加方便查看表格。将工作表重新命名的具体操作方法如下。

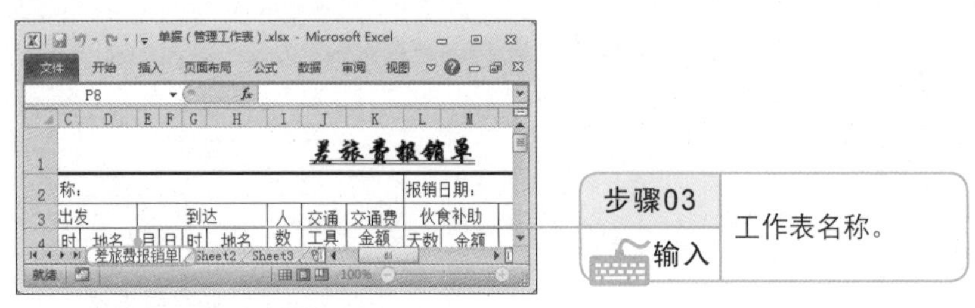

2. 更改工作表标签颜色

为工作表标签设置颜色，不仅能够让表格名称更加醒目，还能够为乏味的数据表增加一份额外的视觉享受。更改工作表标签颜色的具体操作方法如下。

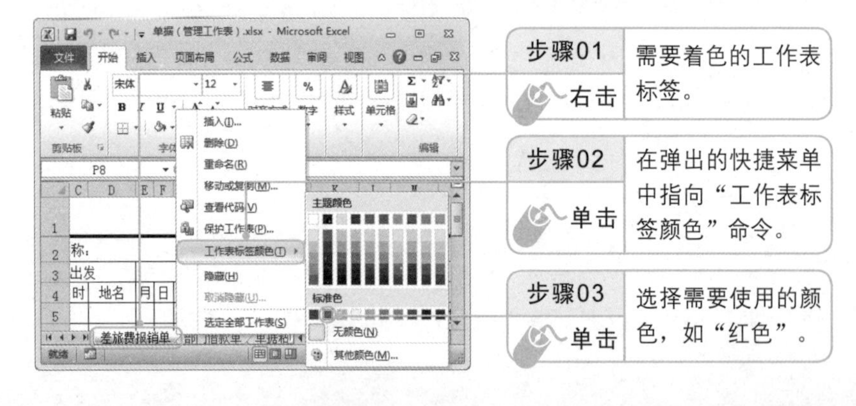

6.4.3 移动工作表

在 Excel 中，为了更加方便地使用各个工作表的数据，可以将工作表进行相应的移动或复制操作。

移动工作表既可以在工作簿内进行移动，也可以在工作簿之间进行移动。移动工作表的具体操作方法如下。

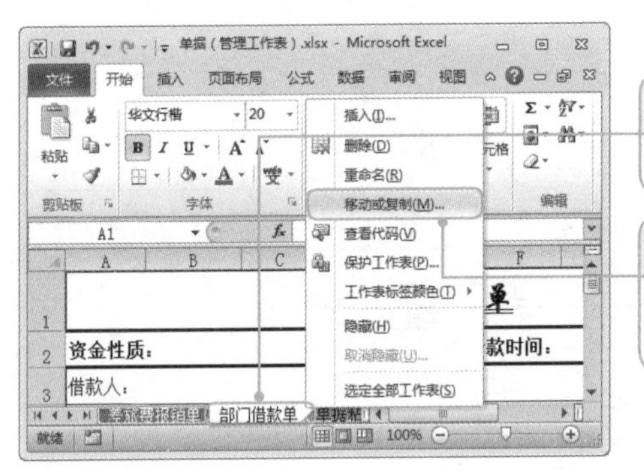

步骤01 右击 需要移动的工作表标签。

步骤02 单击 在弹出的快捷菜单中选择“移动或复制”命令。

新手注意

如果要在已有工作簿之间移动工作表，必须将需要使用到的工作簿同时打开。

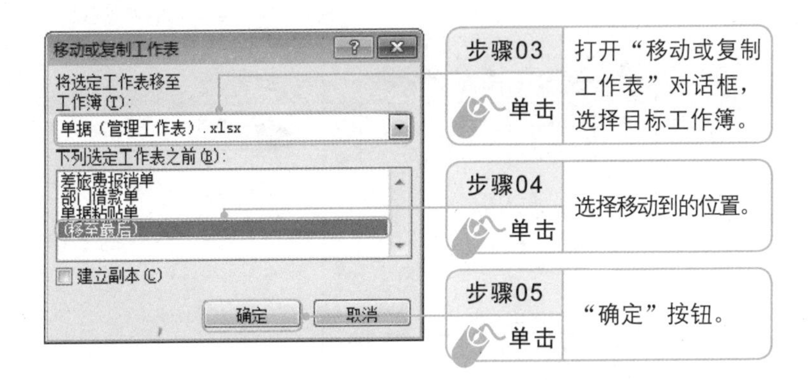

高手点拨

复制工作表

在“移动或复制工作表”对话框中选中“建立副本”复选框，可以达到复制工作表的目的。

6.4.4 保护工作表

通过对工作表进行保护操作，可以避免不相关用户对工作表数据进行修改，具体操作方法如下。

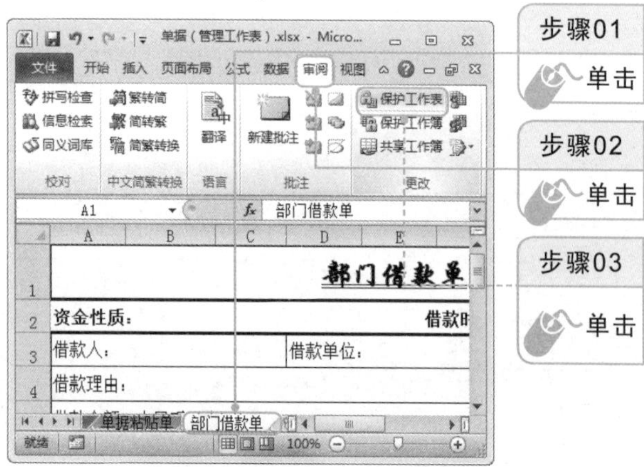

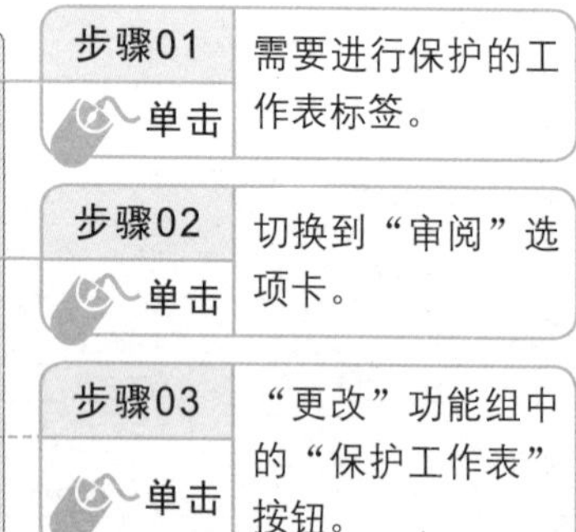

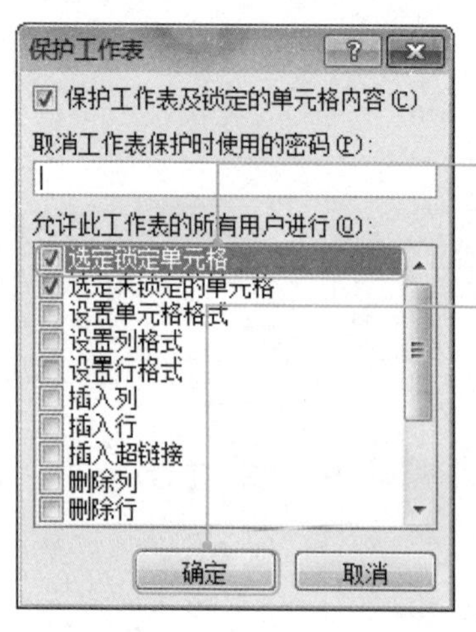

步骤04 单击 选择工作表被保护后用户的设置权限。

步骤05 单击 “确定”按钮。

新手注意

在“保护工作表”对话框中输入密码，可以更有效地保护工作表。

高手点拨

隐藏工作表

右击工作表标签，在弹出的快捷菜单中选择“隐藏”命令，可以将指定的工作表隐藏；单击“取消隐藏”命令，可以将隐藏的工作表显示出来。

本章学习小结

本章主要针对使用 Excel 2010 制作电子表格的初学者，介绍一些基础的操作知识，让读者能对 Excel 2010 有一个初步的了解。本章首先介绍了在工作表中输入数据与编辑数据的方法；然后讲解行列的设置与编辑知识；接着讲解了表格格式的编辑；最后讲解了常用的工作表管理技巧。

Chapter

07

计算表格数据——Excel 2010公式与函数的应用

本章导读

Excel不仅可以制作表格和管理数据，还可以对数据进行计算。Excel的计算功能是非常强大的，既可以使用常见的运算符号组成公式进行计算，也可以使用非常智能化的函数进行计算。本章将为读者详细介绍在Excel 2010中计算数据的知识。

知识要点

- 懂得使用公式和函数计算数据
- 了解数组公式的应用
- 学会审核公式

7.1 认识Excel中的公式

在使用公式前，首先需要对 Excel 中的公式进行了解，如公式的组成、输入规则等，这样才能更好地利用公式和函数功能。

 光盘路径	素材文件	素材文件 \ 第 7 章 \ 销售成绩表（引用单元格）.xlsx
	结果文件	结果文件 \ 第 7 章 \ 销售成绩表（引用单元格）.xlsx
	教学视频	教学视频 \ 第 7 章 \7-1.mp4

7.1.1 公式的组成

善用公式能够大大提高计算表格数据的工作效率。在 Excel 中，公式的组成形式有多种，具体组成方式如下表所示。

公式组成形式	说 明
=10+20	公式由常数组成
=A1+B1	公式由单元格引用表达式组成
= A1+50	公式由常量和单元格组成
=SUM(100, 200)	公式由函数组成

7.1.2 公式的输入规则

在 Excel 2010 中输入公式时，必须按照一定的规则来输入。

首先，公式以等号“=”开头。例如，公式“=5+2*3”表示 2 乘以 3 再加 5。

其次，公式也可以包括下列全部或部分内容：函数、引用、运算符和常量。例如，公式“=PI()*A2^2”的组成部分如下：

- 函数：PI() 函数返回 PI 值（π）3.1415……；
- 引用：A2 返回单元格 A2 的值；
- 常量：直接在公式中输入的数字或文本值（如 2）；
- 运算符：^（脱字号）运算符表示将数字乘方，*（星号）运算符表示相乘。

7.1.3 运算优先级

如果一个公式中有若干个运算符，Excel 将按优先级从高到低进行运算。如果一个公式中的运算符具有相同的优先顺序，则 Excel 将从左到右进行计算，计算顺序如下表所示。

优先顺序	运算符	说明
1	：（冒号）（单个空格），（逗号）	引用运算符
2	-	负号
3	%	百分比
4	^	乘幂
5	*和/	乘和除
6	+和-	加和减
7	&	连接两个文本字符串（连接）
8	= <和> <= >= <>	比较运算符

新手注意

和数学中的计算一样，如果要更改计算的顺序，需要将公式中先运算的部分用括号括起来再进行计算。

7.1.4 单元格的引用

公式中对单元格进行引用分为 3 种方式，即相对引用、绝对引用和混合引用。当复制公式时，单元格的引用方式不同，Excel 的处理方式也不同。

- 相对引用：是基于包含公式的单元格与被引用的单元格之间的相对位置。如果公式所在的单元格位置改变，引用也随之改变。默认情况下，Excel 使用的是相对引用，在后面关于数据计算知识的介绍几乎都是用的相对引用，所以此处不再进行详细介绍。
- 绝对引用：是指引用某特定位置的单元格。绝对引用要在行号和列号的前面加上"$"符号。如果公式中的引用是绝对引用，那么复制后的公式引用不会因为位置改变而改变。
- 混合引用：是相对引用和绝对引用的混合使用。当用户需要固定某行引用而改变列的引用，或者固定列的应用而改变行的引用时，就可以使用混合引用。

下面在表格中的公式中使用绝对引用，具体操作方法如下。

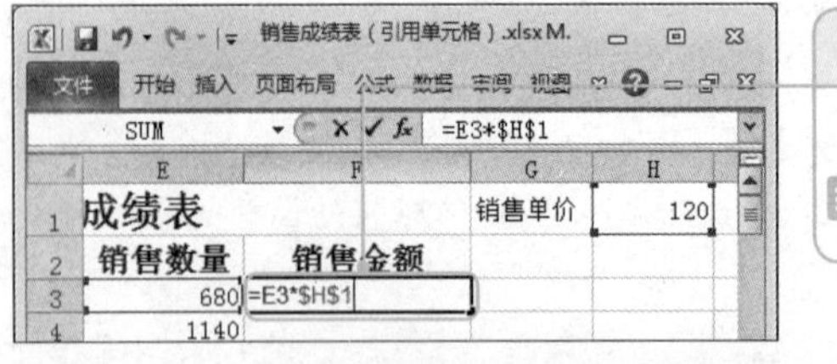

步骤	在F3单元格中输入"=E3*H1"，按下Enter键计算出结果。
输入	

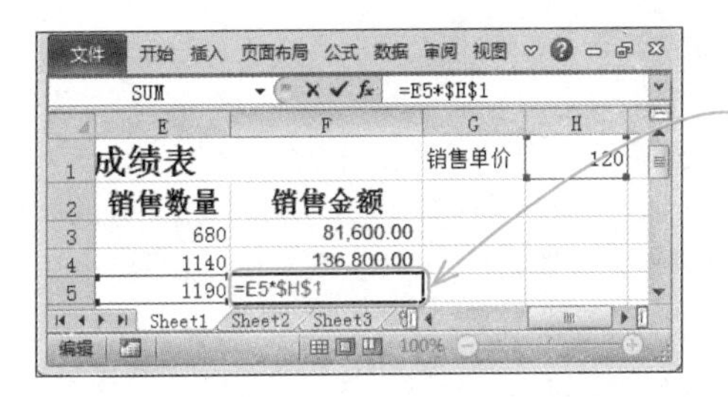

7.2 使用公式计算数据

通过前面对公式的基本知识进行了解后，下面开始对公式在数据计算中的实际应用进行介绍。

光盘路径	素材文件	素材文件＼第 7 章＼销售统计表（使用公式计算数据）.xlsx
	结果文件	结果文件＼第 7 章＼销售成绩表（使用公式计算数据）.xlsx
	教学视频	教学视频＼第 7 章＼7-2.mp4

7.2.1 输入计算公式

在 Excel 工作表中输入的公式都以“=”开始，在输入“=”符号后，再输入单元格的地址和运算符（加“+”、减“-”、乘“*”、除“/”），即可完成公式的输入。例如，在表格中计算个人销售总量，具体操作方法如下。

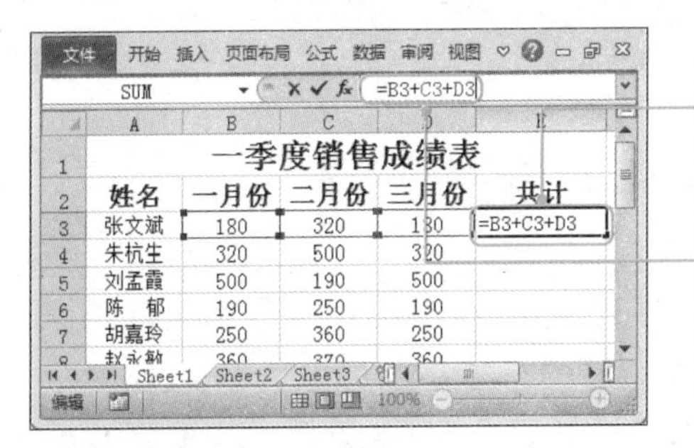

步骤01 单击：计算结果存放的单元格。

步骤02 输入：在编辑栏中输入“=B3+C3+D3”，按Enter键即可计算出结果。

7.2.2 修改计算公式

在使用公式对表格数据进行计算时，有时一个公式需要反复进行修改，以达到需要。修改计算公式时可以双击单元格进入单元格编辑状态进行修改，也可以选择公式所在的单元格，然后在编辑栏中进行修改。

7.2.3 复制计算公式

在实际工作中，可以通过复制公式快速地使用计算公式。复制公式后，其中引用的单元格会随之进行变化（绝对引用将不发生任何变化），从而得出正确的计算结果。例如，在表格中复制 E3 单元格中的公式到 E4 单元格，具体操作方法如下。

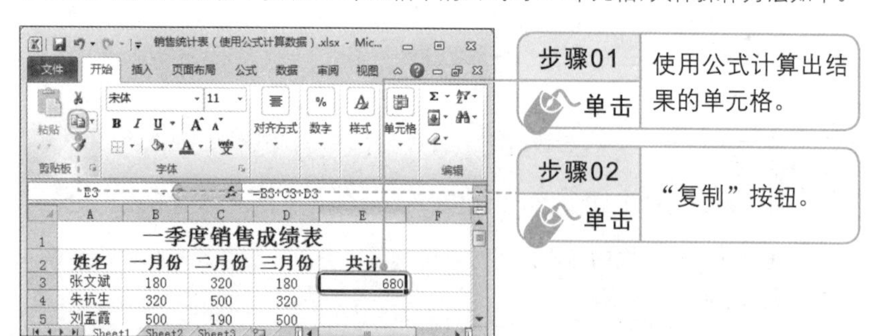

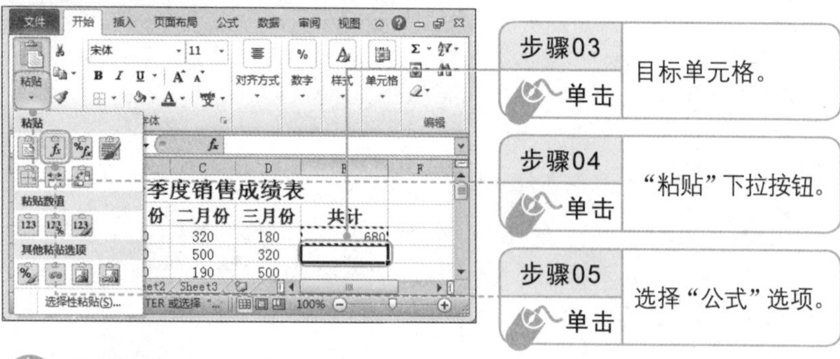

高手点拨

快速复制公式

如果需要复制公式的单元格都在同一列，并且每个单元格都相邻，可以使用快速填充数据的方法，对公式进行快速复制。

7.3 使用函数计算数据

函数从实质上讲是一个预先定义好的公式。根据函数名和参数的不同，函数可以完成某一特定的计算。在使用函数时，必须正确填写该函数中的相关参数，才能进行正确运算。

<table>
<tr><td rowspan="3">
光盘路径</td><td>素材文件</td><td>素材文件 \ 第 7 章 \ 员工工资表（使用函数计算数据）.xlsx</td></tr>
<tr><td>结果文件</td><td>结果文件 \ 第 7 章 \ 销售成绩表（使用函数计算数据）.xlsx</td></tr>
<tr><td>教学视频</td><td>教学视频 \ 第 7 章 \7-3.mp4</td></tr>
</table>

7.3.1 函数的使用介绍

函数是由函数名、一对左右圆括号和圆括号中的若干参数组成的。输入函数名之前必须先输入一个等号“=”，通知 Excel 随后输入的是公式而非文本。例如，“=SUM(A1, B1, C1)”函数表示将单元格 A1、B1 和 C1 的数值相加，相当于自定义公式“=A1+B1+C1”。

函数名输入时不区分大小写，即函数名中的大小写字母等效；左、右括号应成对出现，即要匹配（如果漏写右边的括号，则 Excel 会自动补上）；括号内是函数的相关参数，如果参数不止一个，则各参数之间必须用逗号分隔；最后特别需要注意的是，在函数的输入过程中，一切符号都应在英文状态下输入，包括括号、逗号等。

7.3.2 函数的输入规则

在输入函数之前需要了解函数的输入方式。输入函数时要注意格式，输入的函数格式为：函数名 (参数 1, 参数 2, 参数 3, ...)。

函数由函数名和参数表两部分组成，函数名就是所要引用的函数类型，而参数可以是数字、文本（如 TRUE 或 FALSE 的逻辑值）等常量，也可以是公式或其他函数，还可以是数组、单元格引用等。

在使用函数时有一定的语法规则，具体介绍如下。

- 函数的结构以函数名称开始，然后是括号，括号里面是以逗号和冒号隔开的计算参数。
- 在语法中，粗体字表示必选参数，非粗体字表示可选参数。
- 如果参数后面跟有省略号，表示可以使用多个该种数据类型的参数。
- 给定的参数必须能产生有效的值。
- 如果函数名称后面带有一对括号则为需要任何参数，使用函数时必须加上括号。

7.3.3 常用函数的使用

在了解了使用函数进行数据运算的方法后，本节将介绍一些常用函数的使用方法，主要包括自动求和函数、条件函数和计数函数。

1. 使用 SUM 函数求和

SUM 函数可以将用户指定为参数的所有数值相加，其中的每个参数可以是单元格区域、单元格引用、数组、常量、公式或另一个函数的结果。

SUM 函数的语法为：SUM(Number1, Number2, ...)。其中，参数 Number1 为必需参数，是需要相加的第一个数值参数；参数 Number2 为可选参数，是需要相加的 2 到 255 个数值参数。

例如，要在表格中使用SUM函数计算员工的实发工资，具体操作方法如下。

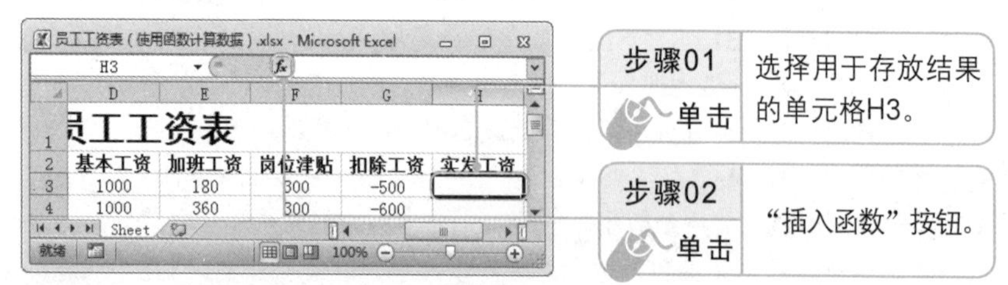

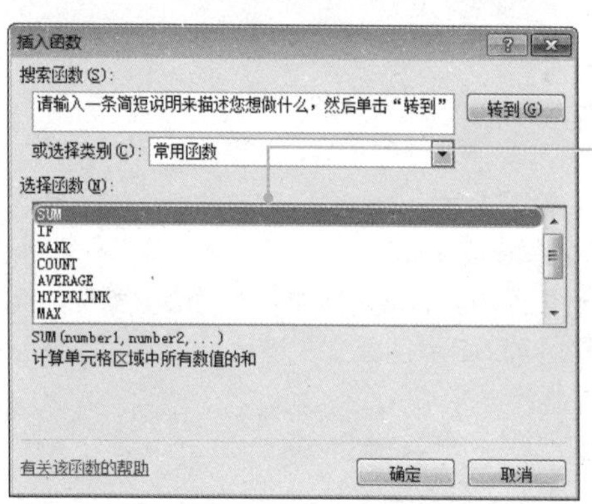

步骤03 单击 选择需要使用的函数，如“SUM”。

新手注意

与SUM函数使用方法相同的还有求平均值函数AVERAGE、求最大值函数MAX、求最小值函数MIN等。

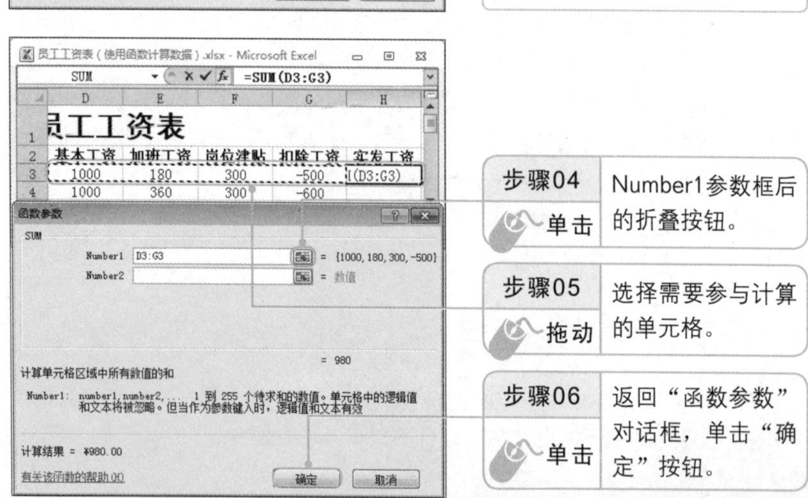

2. 使用 IF 函数求满足条件的值

IF 函数也叫条件函数，作用是执行真（TRUE）假（FALSE）值判断，根据运算出的真假值返回不同的结果。它用于判断条件是否满足，若满足返回一个值，若不满足则返回另外一个值。

IF 函数的语法为：IF(logical test, value_if_true, value_if_false)。其中，参数 logical test 为逻辑值，表示计算结果为 TRUE 或 FALSE 的任意值或表达式；参数 value_if_true 表示如果真，是 logical test 为 TRUE 时返回的值；参数 value_if_false 表示如果假，是 logical test 为 FALSE 时返回的值。因此，IF 函数表达式如果直接翻译过来，其意思为“如果（逻辑式，如果真……，如果假……）”。

例如，要使用 IF 函数按照工资值的大小评判员工的优良，当实发工资大于 1300 元时为“优”，否则为“良”，具体操作方法如下。

在结果单元格I3中输入公式“=IF(H3>1300,"优","良")”，按Enter键。

新手注意

如果能够熟练使用函数，不一定要使用“插入函数”按钮 *fx* 来插入函数，可以直接在单元格中输入等号“=”后输入函数。

3. 使用 COUNT 函数统计个数

COUNT 函数是属于统计类的函数，用于计算选择的单元格或单元格区域中含有数值的单元格个数。

COUNT 函数的语法为：COUNT(Value1,Value2,...)。其中，参数 Value1、Value 2... 为要计数的 1 到 255 个参数。

例如，使用 COUNT 函数统计公司的总人数的具体操作方法如下。

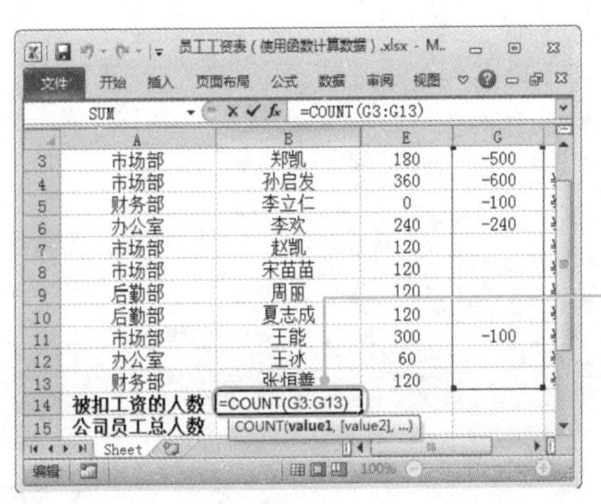

步骤 输入：在结果单元格B14中输入公式“=COUNT(G3:G13)”，按Enter键。

新手注意

与COUNT函数使用方法相同的还有一个COUNTA函数，它同样用于统计单元格个数，但该函数统计的是包含数据（包括文本内容、数字内容等所有内容）的单元格个数。

7.4 数组公式的应用

在 Excel 中对数据进行计算时，如果需要对一组或多组数据进行多重计算，可以使用 Excel 中的数组公式，下面介绍数组公式的使用方法。

光盘路径		
	素材文件	素材文件 \ 第 7 章 \ 数组公式的应用 .xlsx
	结果文件	结果文件 \ 第 7 章 \ 数组公式的应用 .xlsx
	教学视频	教学视频 \ 第 7 章 \7-4.mp4

7.4.1 创建数组公式

与使用公式前需要先输入公式一样，使用数组公式之前也需要先创建数组公式。

新手注意

创建数组公式后，系统自动用大括号“{}”进行标记以区别于普通公式。

下面通过在“创建数组公式”工作表中创建数组公式来计算每个人的销售数量，具体操作方法如下。

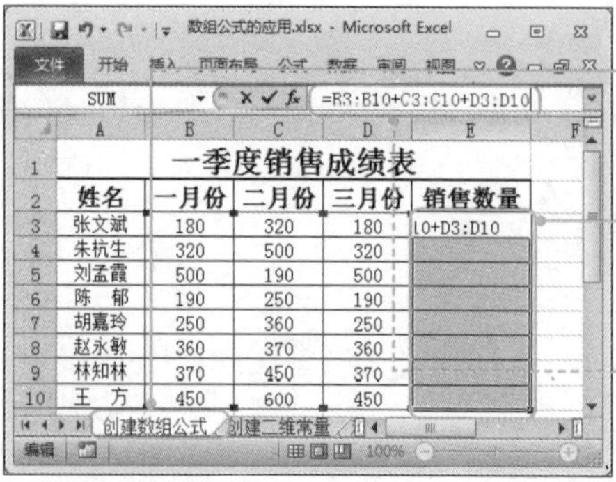
数组公式的应用.xlsx - Microsoft Excel
文件 开始 插入 页面布局 公式 数据 审阅 视图
SUM
=B3:B10+C3:C10+D3:D10
一季度销售成绩表
姓名 一月份 二月份 三月份 销售数量
张文斌 180 320 180 10+D3:D10
朱杭生 320 500 320
刘孟霞 500 190 500
陈 郁 190 250 190
胡嘉玲 250 360 250
赵永敏 360 370 360
林知林 370 450 370
王 方 450 600 450
创建数组公式 创建二维常量
编辑 100%

步骤01 单击：切换至“创建数组公式”工作表。

步骤02 单击：选择E3:E10单元格区域。

步骤03 输入：在编辑栏中输入数组公式，按Ctrl+Shift+Enter组合键确认。

新手注意

本例中在E3:E10单元格区域中建立的数组公式“=B3:B10+C3:C10+D3:D10”，可以将各行单元格数据之和计算出来并填充在对应的单元格中，即“B3+C3+D3”的值将显示在E3单元格，“B4+C4+D4”的值将显示在E4单元格……

7.4.2 使用数组创建二维常量

为了提高输入数组的效率，可以选择需要输入数据的单元格，使用数组公式的方法快速创建二维常量，具体操作方法如下。

步骤01	打开随书光盘素材文件夹中的“素材文件\第7章\数组公式的应用.xlsx”工作簿，切换至“创建二维常量”工作表。

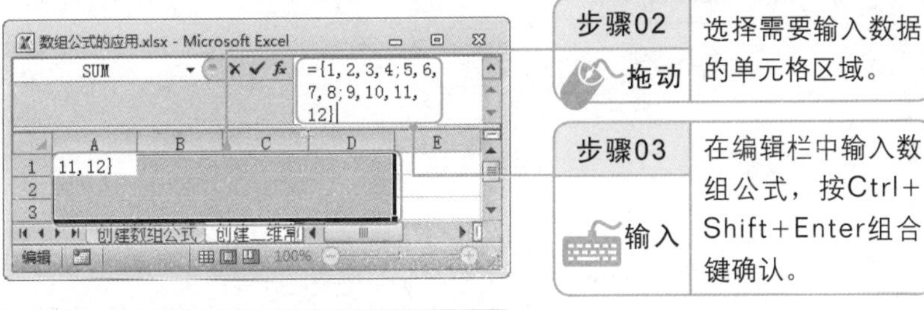

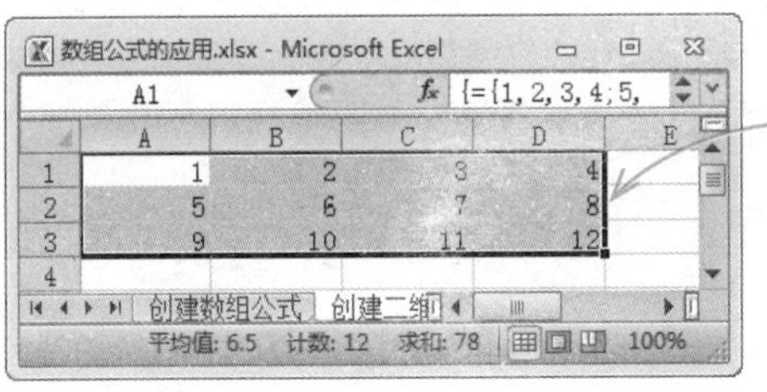

完成上述操作后，工作表中会出现3行4列的数组

新手注意

此处选择的单元格区域占了4列，所以在输入数组公式“={1,2,3,4;5,6,7,8;9,10,11,12}”时，每4个数就应该用分号（；）进行分隔，其他数字之间则用逗号（，）进行分隔。

7.4.3 对数组进行转置

在 Excel 中，使用数据的方式可以在单元格中快速输入一组数据，如果需要对行和列中的数据进行更换位置，可以使用转置的功能实现该效果，具体操作方法如下。

步骤01	打开随书光盘素材文件夹中的“素材文件\第7章\数组公式的应用.xlsx”工作簿，切换至“对数组进行转置”工作表。选择数组所在的单元格区域，在“开始”选项卡下单击“剪贴板”功能组中的“复制”按钮复制。

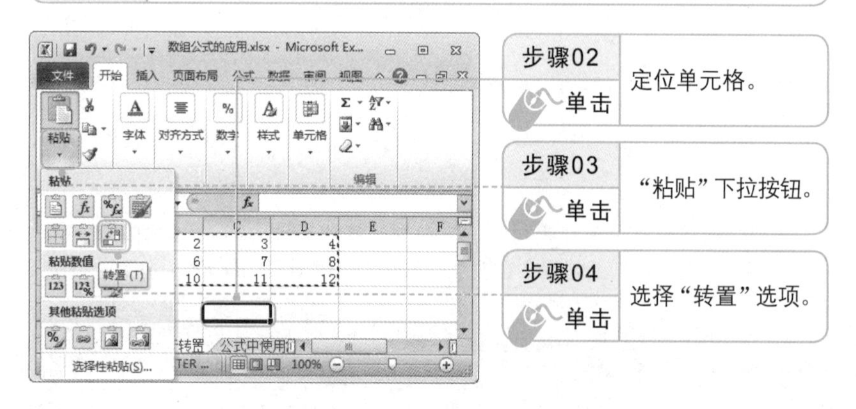

7.4.4 在公式中使用常量

如果需要通过公式让一个数组中的值分别与常量中对应的值相乘，并计算乘积之和，直接编辑公式比较麻烦，此时可以使用数组公式来完成。

例如，要在公式中输入数组常量快速计算销售金额时，具体操作方法如下。

步骤01	打开随书光盘素材文件夹中的“素材文件\第7章\数组公式的应用.xlsx”工作簿，切换至“公式中使用常量”工作表。

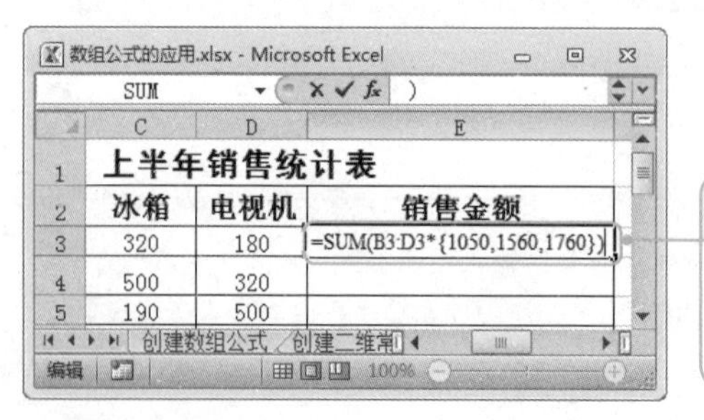

步骤02 输入	在E3单元格中输入数组公式，按Ctrl+Shift+Enter组合键确认计算。

新手注意

公式“=SUM(B3:D3* {1050,1560,1760}”等价于“=SUM(B3*1050, C3*1560, D3*1760)”。

7.5 公式审核与错误处理

在通过公式计算数据后，用户还可以对公式进行审核，以确保计算结果的正确性。本节将介绍公式审核的方法，如显示公式、公式错误检查等。

光盘路径		
	素材文件	素材文件\第7章\加班绩效表(公式审核与错误处理).xlsx
	结果文件	结果文件\第7章\加班绩效表(公式审核与错误处理).xlsx
	教学视频	教学视频\第7章\7-5.mp4

7.5.1 追踪引用单元格

追踪引用单元格是指标记所选单元格中公式引用的单元格，追踪从属单元格是指标记所选单元格应用于公式所在的单元格，具体操作方法如下。

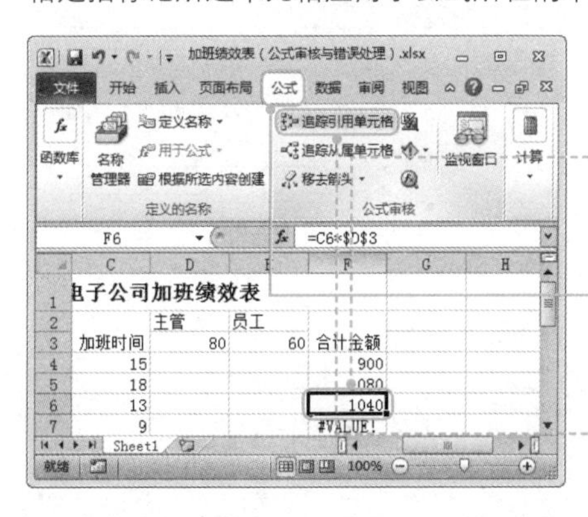

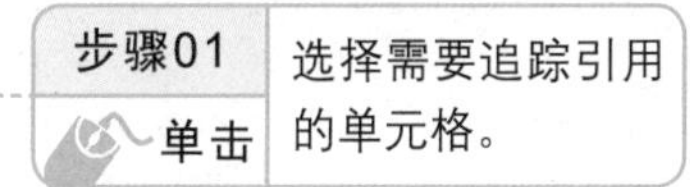

步骤01 单击 选择需要追踪引用的单元格。

步骤02 单击 切换到“公式”选项卡。

步骤03 单击 “追踪引用单元格”按钮。

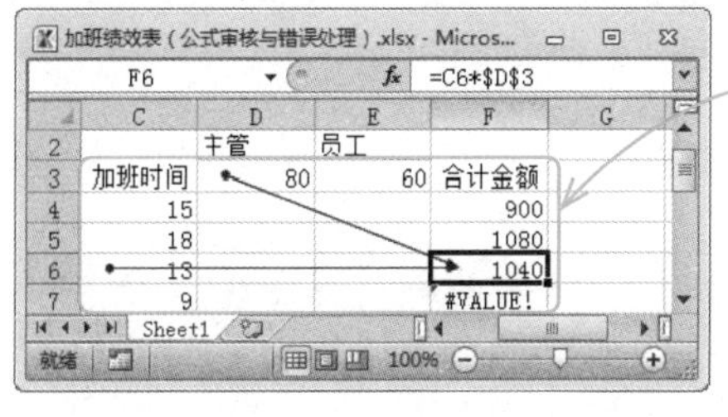

追踪引用单元格的效果

新手注意

单击“公式审核”功能组中的“移去箭头”按钮 移去箭头，可以将追踪单元格出现的箭头删除。

7.5.2 显示应用的公式

除了前面介绍的通过追踪单元格来检查公式以外，还可以直接在结果单元格中显示应用的公式，对公式进行检查。只需单击“公式”选项卡下“公式审核”功能组中的“显示公式”按钮 显示公式，即可显示工作表中所有的公式。

7.5.3 分步求值

如果需要逐步查看公式进行的计算步骤，可以使用公式求值功能通过逐步的计算来对公式进行审核，具体操作方法如下。

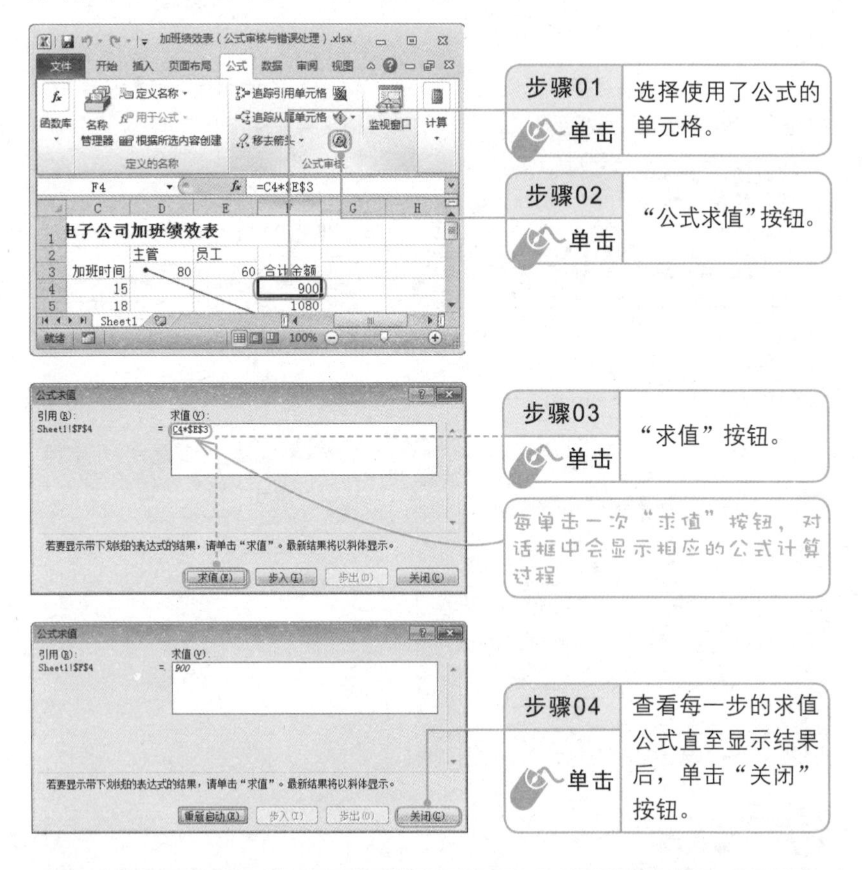

7.5.4 公式错误检查

通过公式对数据进行计算后，还可以使用错误检查功能快速对公式进行检查，以便对存在错误的公式进行修改，具体操作方法如下。

步骤01	单击“公式”选项卡下“公式审核”功能组中的“错误检索”按钮 错误检查。

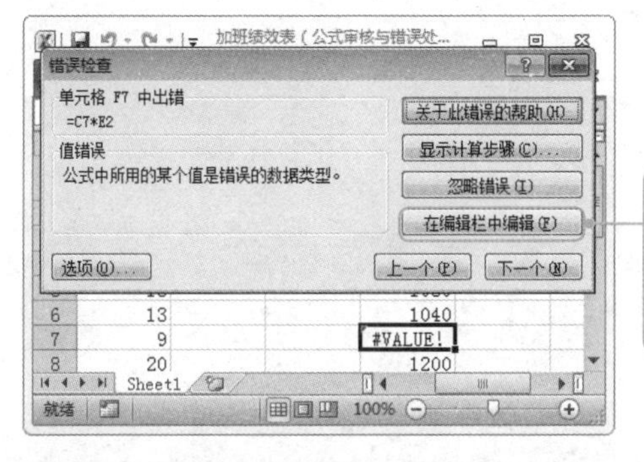

步骤02	程序自动定位到有错误的单元格后，单击“在编辑栏中编辑”按钮。
单击	

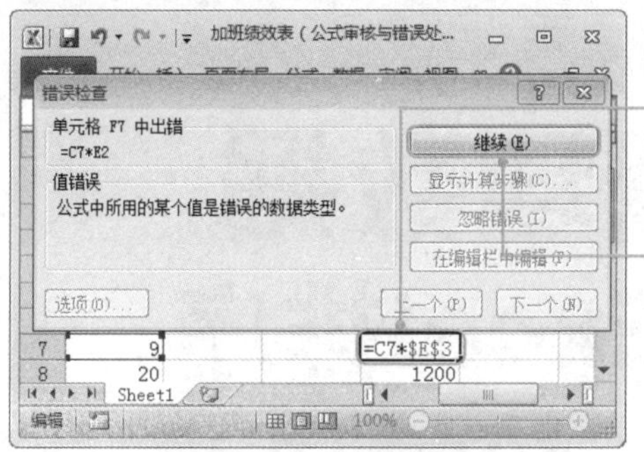

步骤03	在单元格中输入正确的公式。
输入	

步骤04	“继续”按钮。
单击	

步骤05	检查完所有公式后，在弹出的提示框中单击“确定”按钮。
单击	

本章学习小结

计算不同类型数据对很多读者来说都是一件非常头痛的事，合理使用 Excel 提供的计算功能可以有效地简化计算过程。本章首先让读者了解 Excel 表格中公式的基础知识；再详细介绍公式和函数在计算表格数据中的应用；接着讲解数组公式的应用；最后讲解审核公式的方法。

Chapter 08

分析与管理数据——使用Excel排序、筛选、统计功能

本章导读

前面我们主要对Excel的基础操作进行了学习，但是面对那些复杂数据时，这些技能是远远不够的。所以本章我们将介绍关于Excel更强大的数据分析功能，包括数据的排序、筛选、分类汇总及条件格式等。

知识要点

◎ 学会对数据进行排序和筛选
◎ 懂得将数据分类汇总
◎ 学会使用条件格式分析数据
◎ 掌握合并计算统计数据的方法
◎ 掌握数据透视表的使用

8.1 对数据进行排序

在 Excel 中对数据进行排序的方法有很多，而且也都很方便。用户可以对一列或一行数据进行排序，也可以设置多个条件来排序，还可以进行自定义排序。

 光盘路径	素材文件	素材文件 \ 第 8 章 \ 员工年度评分表 .xlsx
	结果文件	结果文件 \ 第 8 章 \ 员工年度评分表 .xlsx
	教学视频	教学视频 \ 第 8 章 \8-1.mp4

8.1.1 对列数据进行排序

如果在 Excel 工作表中只按某个字段进行排序，这种排序方式就是单列排序。例如，对“总分”列进行降序排列的操作步骤如下。

步骤01 打开随书光盘素材文件夹中的“素材文件\第8章\员工年度评分表.xlsx”工作簿，切换至“对列排序”工作表。

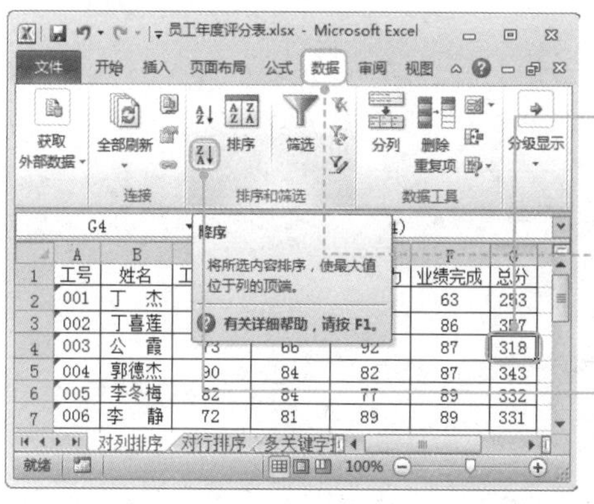

步骤02 单击　选择“总分”列的任意单元格。

步骤03 单击　切换到“数据”选项卡。

步骤04 单击　“降序”按钮。

8.1.2 对行数据进行排序

在 Excel 2010 中，除了可以对列进行排序外，还可以对行数据进行排序。对行数据进行排序的具体操作步骤如下。

步骤01 打开随书光盘素材文件夹中的“素材文件\第8章\员工年度评分表.xlsx”工作簿，切换至“对行排序”工作表。

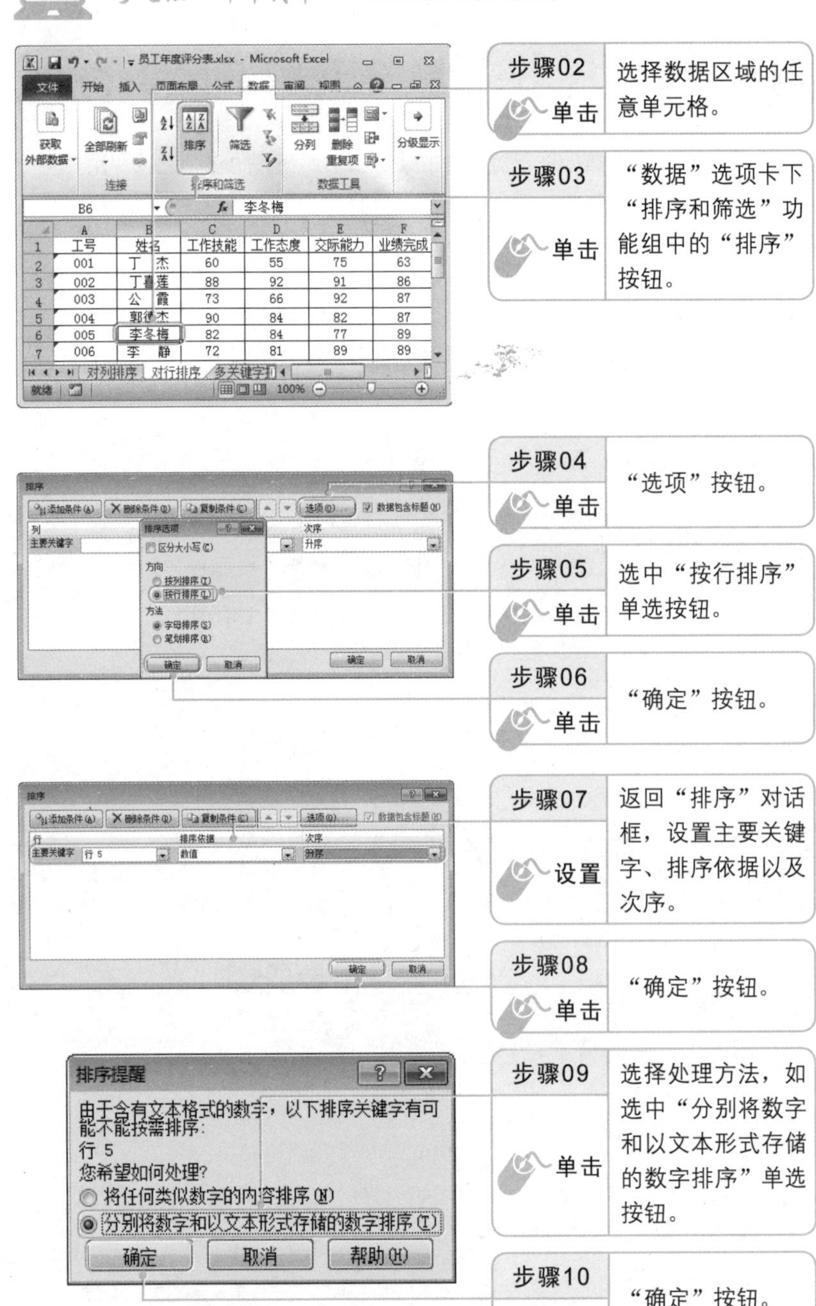
步骤02
单击
选择数据区域的任意单元格。
步骤03
单击
“数据”选项卡下“排序和筛选”功能组中的“排序”按钮。
步骤04
单击
“选项”按钮。
步骤05
单击
选中“按行排序”单选按钮。
步骤06
单击
“确定”按钮。
步骤07
设置
返回“排序”对话框，设置主要关键字、排序依据以及次序。
步骤08
单击
“确定”按钮。
排序提醒
由于含有文本格式的数字，以下排序关键字有可能不能按需排序：
行 5
您希望如何处理?
将任何类似数字的内容排序(N)
分别将数字和以文本形式存储的数字排序(T)
确定
取消
帮助(H)
步骤09
单击
选择处理方法，如选中“分别将数字和以文本形式存储的数字排序”单选按钮。
步骤10
单击
“确定”按钮。

8.1.3 对表数据进行多关键字排序

如果希望按照多个条件进行排序，以获得更加精确的排序结果，可以使用多关键字排序。

多关键字排序的方法非常简单，打开“排序”对话框后，单击“添加条件”按钮[添加条件(A)]，对话框中会增加一个“次要关键字”，对主要关键字和次要关键字设置完成后，单击“确定”按钮。

8.1.4 设置自定义排序

在某些特殊要求下，用户可能会根据数据表中的某个特定序列内容进行排序，这时就需要自定义排序的序列了，具体操作步骤如下。

步骤01	打开随书光盘素材文件夹中的“素材文件\第8章\员工年度评分表.xlsx”工作簿，切换至“自定义排序”工作表，然后按照“对行数据进行排序”的方法，打开“排序”对话框。

步骤02 设置：主要关键字和排序依据。

步骤03 单击：在“次序”下拉列表中选择“自定义序列”选项。

步骤04 输入：自定义的序列。

步骤05 单击：“添加”按钮。

步骤06 单击：“确定”按钮，返回“排序”对话框。

步骤07	完成上述操作后，在“排序”对话框中单击“确定”按钮。

新手注意

在“自定义序列”对话框中输入的数据一定要与表格中的数据内容一致，否则排序结果可能与自定义的序列不对应。

8.2 对数据进行筛选

筛选是指从一个数据表中根据指定条件获取其中的部分数据，获得的这些数据是满足所给条件的。Excel 中提供了多种筛选数据的方法，包括自动筛选、自定义筛选和高级筛选。

 光盘路径	素材文件	素材文件 \ 第 8 章 \ 员工年度评分表（筛选数据）.xlsx
	结果文件	结果文件 \ 第 8 章 \ 员工年度评分表（筛选数据）.xlsx
	教学视频	教学视频 \ 第 8 章 \8-2.mp4

8.2.1 使用自动筛选

自动筛选是所有筛选方式中最便捷的一种，只需要简单的操作即可筛选出需要的数据。这里以筛选评分表中姓名为“郭德杰”的数据为例进行讲解，具体操作步骤如下。

步骤01 打开随书光盘素材文件夹中的“素材文件\第8章\员工年度评分表（筛选数据）.xlsx”工作簿，切换至“自动筛选”工作表。

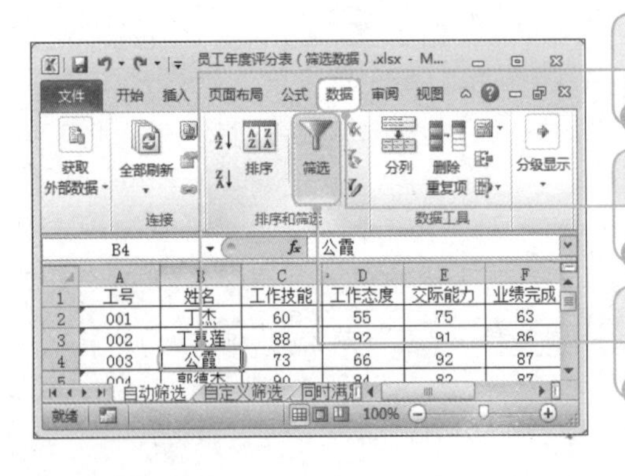

步骤02 单击 数据区域的任意单元格。

步骤03 单击 切换到“数据”选项卡。

步骤04 单击 “筛选”按钮。

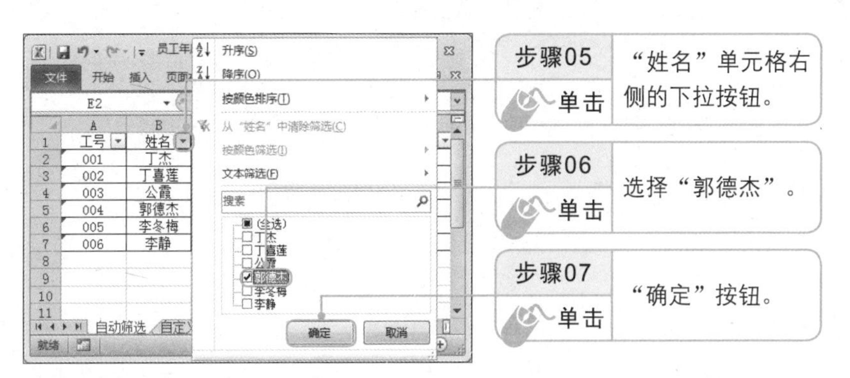

高手点拨

取消当前筛选

单击筛选条件的标题右侧的“筛选”按钮，在弹出的列表中选择“从‘姓名’中清除筛选”命令（本例中筛选的字段是“姓名”），即可取消当前筛选。

8.2.2 使用自定义筛选

自定义筛选可以一次性指定多个条件，并筛选出同时符合这些条件的数据。例如，要筛选出总分在 253 ～ 332 分之间的数据，具体操作步骤如下。

步骤01	打开随书光盘素材文件夹中的“素材文件\第8章\员工年度评分表（筛选数据）.xlsx”工作簿，切换至“自定义筛选”工作表。单击“总分”右侧的下拉按钮。

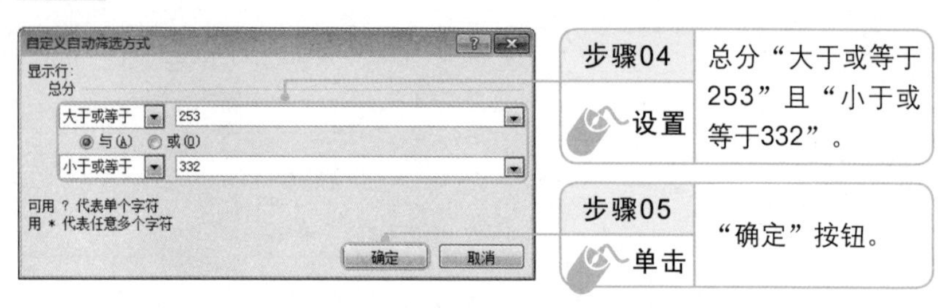

8.2.3 使用高级筛选

在 Excel 中，用户可以在工作表中输入筛选条件，并将其与表格的基本数据分隔开，输入的筛选条件与基本数据间至少要保持一个空行或一个空列的距离。

建立多行条件区域时，行与行之间的条件是“或”关系，而同一行内的多个条件之间是“与”关系。其中，“与”关系用于筛选同时满足多个条件的数据结果，而“或”关系用于筛选只满足其中一个条件的数据结果。

1. 筛选同时满足多个条件的数据结果

要在表格中创建“与”关系的自定义筛选条件时，需要将筛选条件放置在同一行内。例如，要筛选工作技能分数大于 80，业绩完成分数大于 80，并且总分在 320 以上的员工，具体操作步骤如下。

步骤01	打开随书光盘素材文件夹中的“素材文件\第8章\员工年度评分表（筛选数据）.xlsx”工作簿，切换至“同时满足多个条件”工作表。

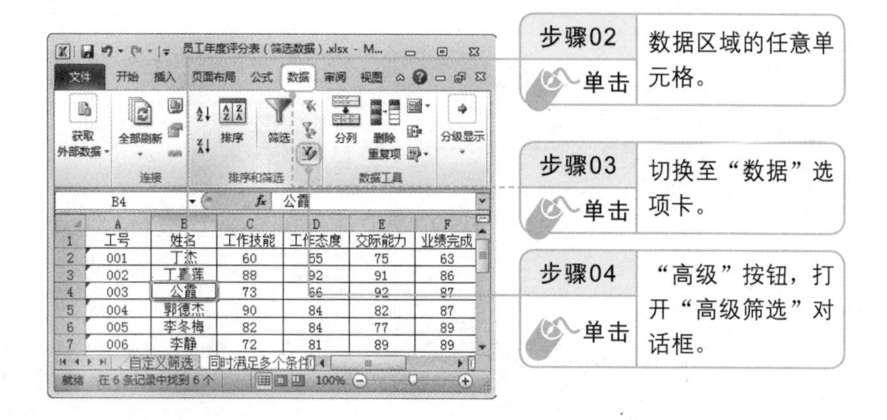

步骤08	返回“高级筛选”对话框后，单击“确定”按钮。

2. 筛选只满足其中一个条件的结果

筛选只满足其中一个条件即返回的数据结果时，与筛选同时满足多个条件的数据结果的方法基本相同，只是在输入条件数据时需要将其分别输入到不同的 3 行中，使其构成“或”关系。

例如，要筛选工作技能分数大于 80，或业绩完成分数大于 80，或总分在 320 以上的员工时，具体操作步骤如下。

步骤01	打开随书光盘素材文件夹中的“素材文件\第8章\员工年度评分表（筛选数据）.xlsx”工作簿，切换至“只满足一个条件”工作表，然后按照“筛选同时满足多个条件的数据结果”进入条件选择界面。

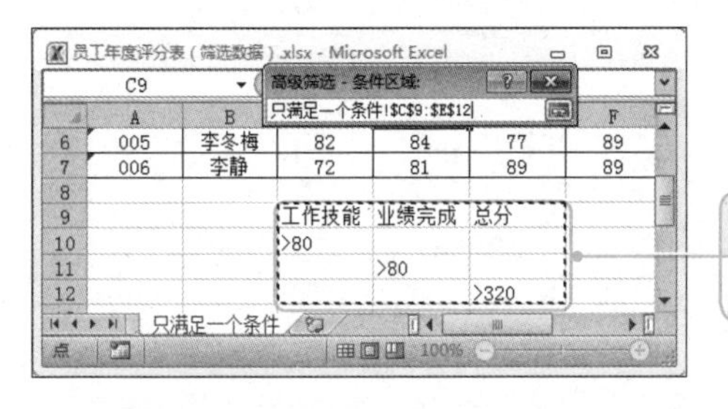

步骤02 拖动	选择“或”关系的条件单元格。

步骤03	返回“高级筛选”对话框后，单击“确定”按钮。

8.3 对数据进行分类汇总

分类汇总是指根据指定类别将数据以指定的方式进行统计，这样可以快速将大型表格中的数据进行汇总分析，以获得想要的统计数据。下面将介绍分类汇总的相关内容。

 光盘路径	素材文件	素材文件\第8章\工资统计表（分类汇总）.xlsx
	结果文件	结果文件\第8章\工资统计表（分类汇总）.xlsx
	教学视频	教学视频\第8章\8-3.mp4

8.3.1 创建分类汇总

在创建分类汇总之前，需要先对要汇总的数据项进行排序。下面按“姓名”进行分类，并统计每个员工实发工资的总额，具体操作步骤如下。

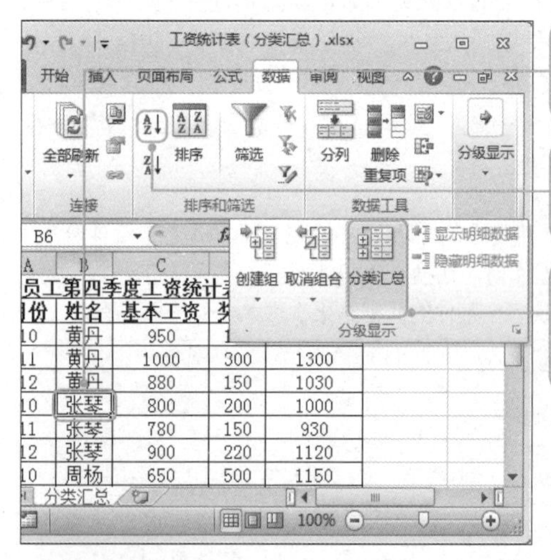

步骤01 单击	“姓名”列的任意单元格。
步骤02 单击	选择一种排序方式，如“升序”。
步骤03 单击	“分级显示”功能组中的“分类汇总”按钮。

新手注意

在分类汇总前，最好将需要分类的字段进行排序，这样有利于查看分类汇总的数据。

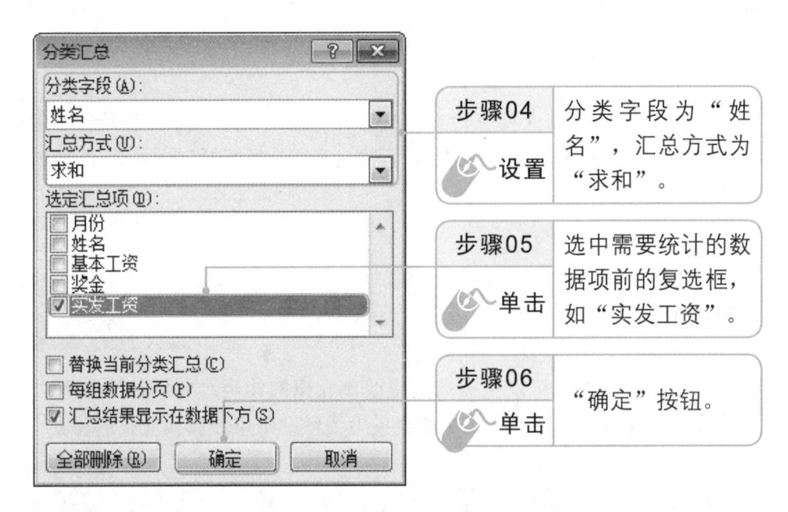

8.3.2 分级显示分类汇总

在创建分类汇总数据后，可通过单击工作表左侧上方的级别按钮1 2 3来快速查看相应级别的数据。例如单击2按钮，即可显示第2级汇总数据，如右图所示。

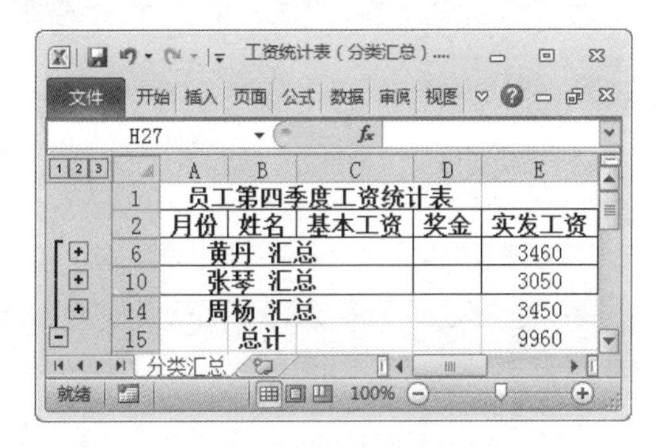

对于不想显示的汇总数据，可以通过单击工作表左侧的−按钮，将指定的明细数据隐藏。当明细数据被隐藏后，相应的−按钮变为+按钮，单击+按钮即可将隐藏的数据重新显示出来。如右图所示，张琴的明细信息是显示出来的，而其他员工的明细信息则被隐藏起来。

	A	B	C	D	E
1	员工第四季度工资统计表				
2	月份	姓名	基本工资	奖金	实发工资
6		黄丹 汇总			3460
7	10	张琴	800	200	1000
8	11	张琴	780	150	930
9	12	张琴	900	220	1120
10		张琴 汇总			3050
14		周杨 汇总			3450
15		总计			9960

8.3.3 删除分类汇总

如果希望将数据恢复到分类汇总前的原始状态，可以删除当前的分类汇总。删除分类汇总的方法非常简单，直接打开“分类汇总”对话框，然后单击“全部删除”按钮即可。

8.4 使用条件格式分析数据

设置条件格式可以根据条件更改单元格的外观。如果条件为真，则根据该条件设置单元格的格式；如果条件为假，则不设置单元格的格式。

光盘路径		
	素材文件	素材文件 \ 第 8 章 \ 员工年度评分表（使用条件格式）.xlsx
	结果文件	结果文件 \ 第 8 章 \ 员工年度评分表（使用条件格式）.xlsx
	教学视频	教学视频 \ 第 8 章 \8-4.mp4

8.4.1 使用突出显示单元格规则

如果要突出显示单元格中满足条件的一些数据，如大于、小于或等于某个值的数据，可以使用突出显示单元格规则。例如，要将工作态度评分小于 80 的单元格进行突出显示，具体操作步骤如下。

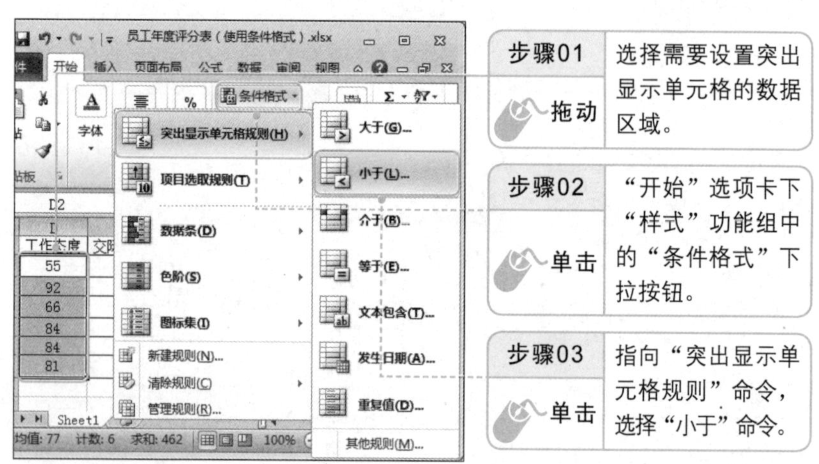

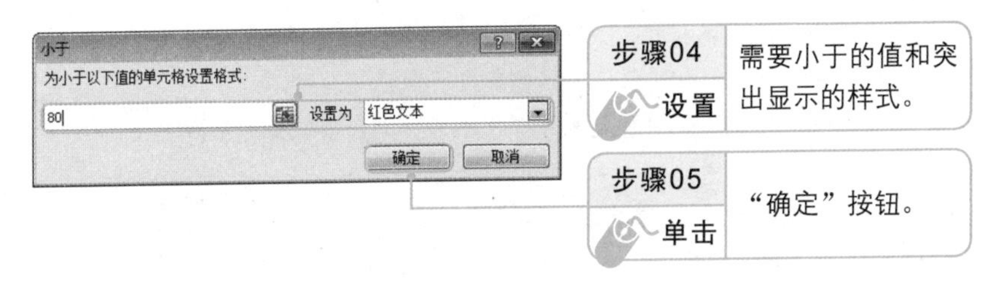

8.4.2 使用项目选取规则

用户可以使用项目选取规则在工作表中设置最大值或最小值的个数，然后用条件格式的方式显示出来。

例如，要为业绩完成任务最小的一项设置单元格格式，具体操作步骤如下。

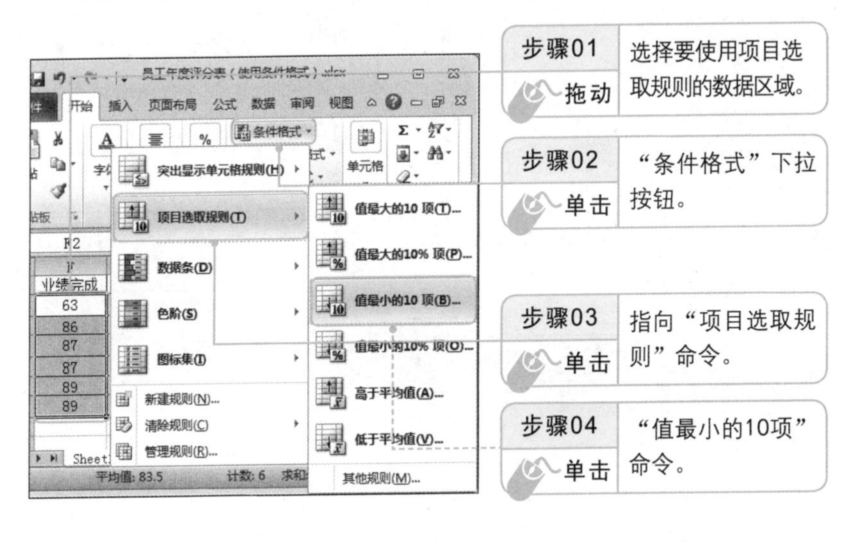

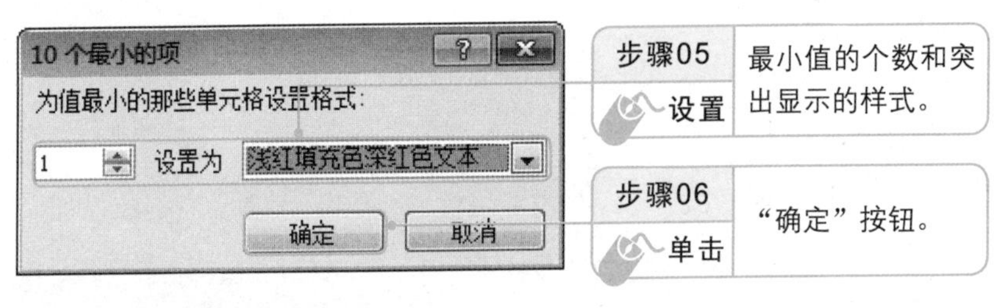

8.4.3 使用数据条设置条件格式

使用数据条可以查看某个单元格相对于其他单元格的值。数据条的长度代表单元格的值，数据条越长，表示值越高；数据条越短，表示值越低。对于分析大量数据中的较高值和较低值时，数据条尤其适用。

例如，要通过数据条直观地衡量员工的总分时，具体操作步骤如下。

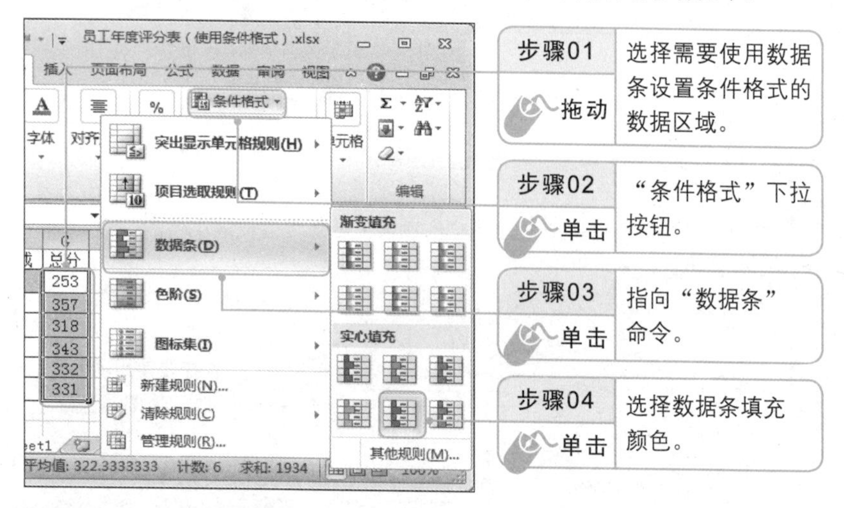

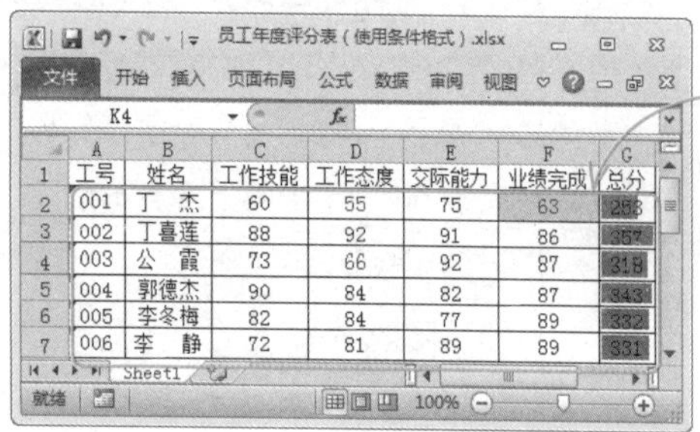

为数据设置不同条件格式后的效果

新手注意

“条件格式”下拉列表中还有“色阶”和“图标集”等条件格式，其使用方法与前面所讲的条件格式基本相同，这里就不再进行详细介绍。

8.4.4 清除条件管理规则

如果不再需要用条件格式显示数据值，用户可以清除设置的格式，具体操作步骤如下。

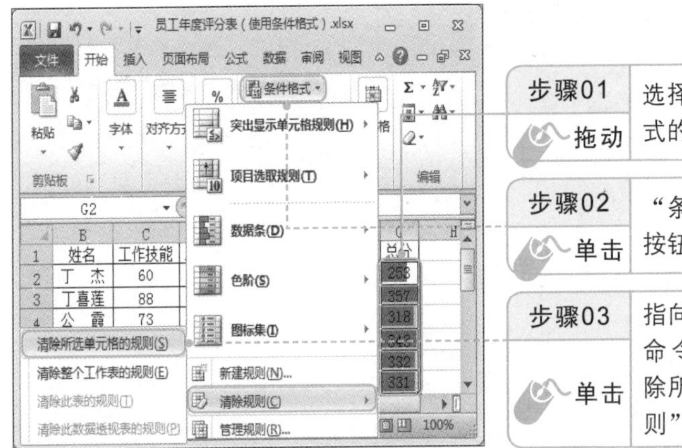

步骤01 拖动：选择设置了条件格式的单元格区域。

步骤02 单击：“条件格式”下拉按钮。

步骤03 单击：指向“清除规则”命令，选择“清除所选单元格的规则”命令。

高手点拨

清除整个工作表的规则

指向“清除规则”命令后，选择“清除整个工作表的规则”命令，可以将整个工作表中的条件格式删除。

8.5 使用合并计算统计数据

合并计算就是将两个或两个以上的表格中具有相同区域或相同类型的数据运用相关函数进行运算后，再将结果存放到另一个表格中。在 Excel 2010 中，可以利用合并计算功能汇总一个或多个工作表区域中的数据，这些工作表可以在同一个工作表中，也可在其他工作表或其他工作簿中。

 光盘路径	素材文件	素材文件 \ 第 8 章 \ 图书销量统计表 1、2.xlsx
	结果文件	结果文件 \ 第 8 章 \ 图书销量统计表 1、2.xlsx
	教学视频	教学视频 \ 第 8 章 \8-5.mp4

8.5.1 在一张工作表中进行合并计算

在 Excel 2010 中，可以利用合并计算功能对工作表中的一个或多个区域中的数据进行汇总。例如，要对图书销售按照地区进行合并计算，具体操作方法如下。

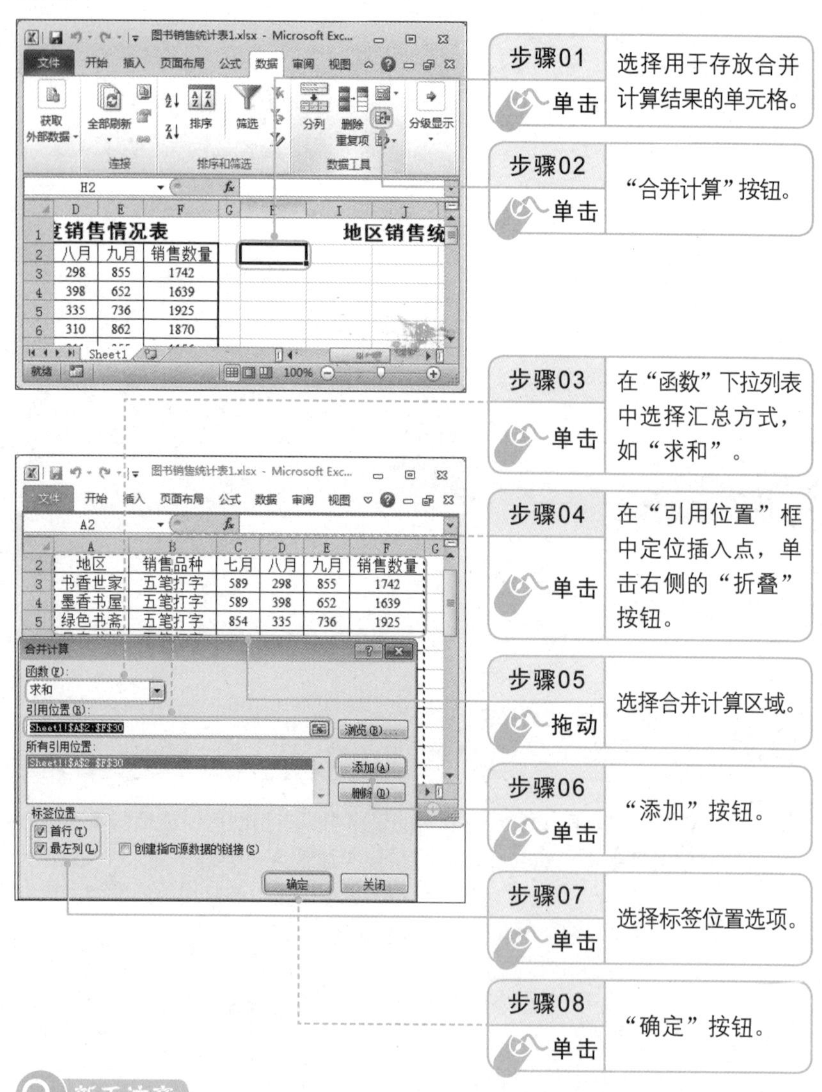

新手注意

在“合并计算”对话框中选中“首行”和“最左列”复选框的目的是为了使表格中的行的字段名和列的字段名也能够合并计算。

8.5.2 在多张工作表中进行合并计算

在 Excel 2010 中，合并计算不仅仅可以在同一张工作表中进行，也可以在其他工作表或其他工作簿中进行。例如，要对图书销售按照数据对各地区的销售量、库存和退换数量进行合并计算，具体操作方法如下。

步骤01	打开随书光盘素材文件夹中的“素材文件\第8章\图书销量统计表2.xlsx”工作簿，切换至“总销量表”工作表。

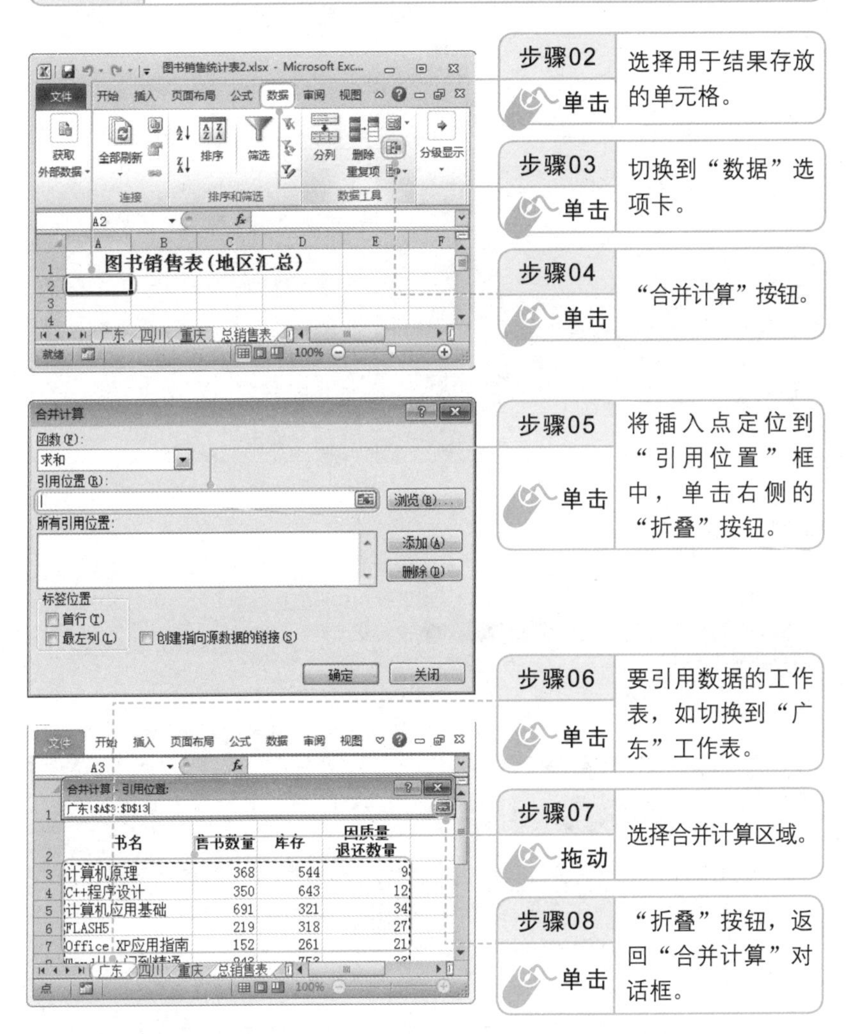

新手注意

在多张表格中进行合并计算时，所要进行合并计算的数据源表格与放置结果的表格的字段名称及顺序必须一致，否则合并计算后所得到的数据将会与字段名称不相对应。

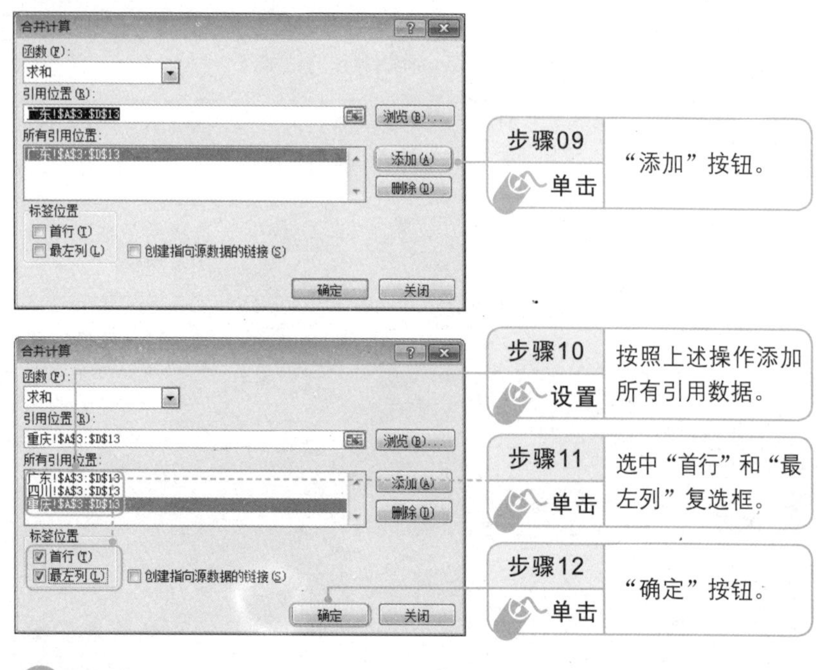

新手注意

在使用合并计算功能汇总数据后，如果所使用的源数据表中的数据发生变动，通过合并计算所得到的数据汇总仍然不会自动更新。如果要使数据更新，可以选中“合并计算”对话框中的“创建指向源数据的链接”复选框，但此功能对同一张工作表中的合并计算无效。

8.6 使用数据透视表分析数据

数据透视表是一种交互式表格，能够方便地对大量数据进行快速汇总，并建立交叉列表。使用数据透视表可以快速合并和比较数据，深入分析数据并了解一些预计不到的数据问题。

光盘路径		
	素材文件	素材文件\第 8 章\年度考核成绩表（数据透视表）.xlsx
	结果文件	结果文件\第 8 章\年度考核成绩表（数据透视表）.xlsx
	教学视频	教学视频\第 8 章\8-6.mp4

8.6.1 创建数据透视表

使用数据透视表之前，首先要创建数据透视表，再对其进行设置。要创建数据透视表，需要连接到一个数据源，并输入报表位置。通过数据源创建数据透视表的操作方法如下。

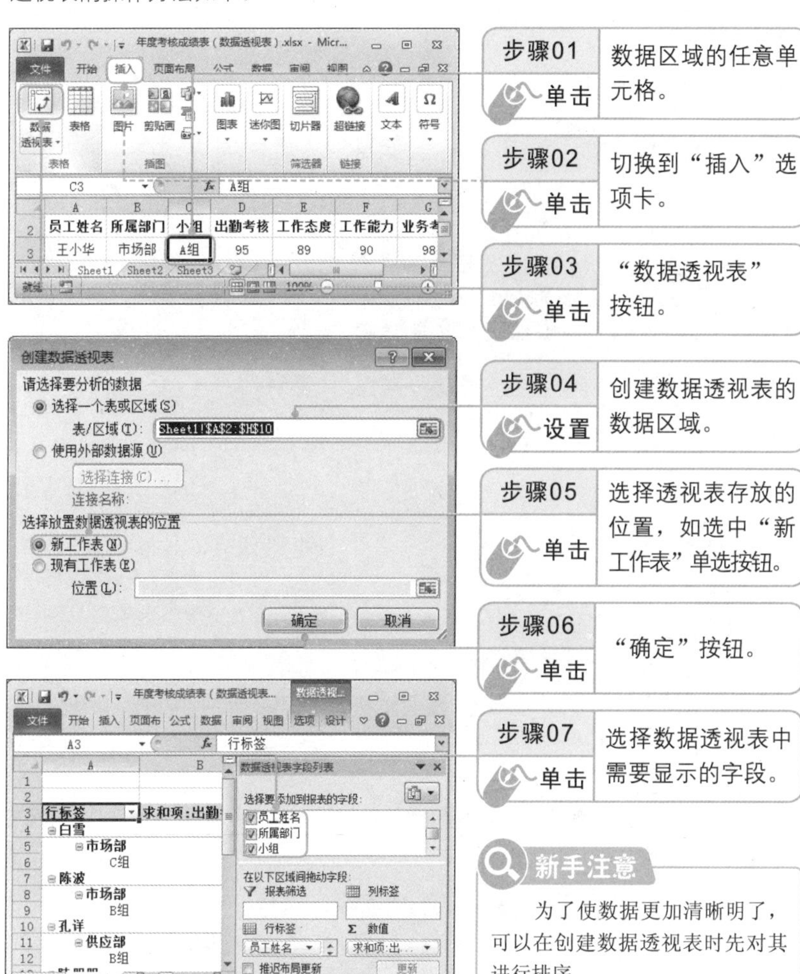

新手注意

为了使数据更加清晰明了，可以在创建数据透视表时先对其进行排序。

8.6.2 设置数据透视表

创建数据透视表之后，可以在“数据透视表字段列表”任务窗格中编辑字段。默认情况下，“数据透视表字段列表”任务窗格中显示了两部分，上部分用于添加和删除字段，下部分用于重新排列和定位字段。下面从设置数据透视表中的汇总字段和更新数据两个方面进行介绍。

1. 设置数据透视表中的汇总字段

在数据透视表的“数值”区域中默认显示的是求和汇总方式，用户可以根据需要设置其他汇总方式，如平均值、最大值、最小值、计数、偏差等。例如，要在数据透视表的汇总行中显示“工作态度”字段中最低的得分，具体操作方法如下。

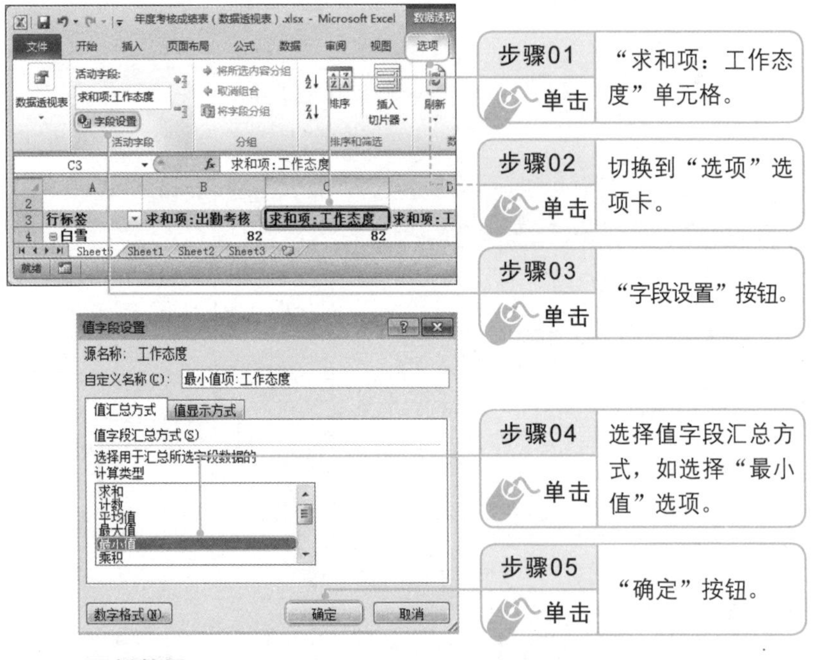

2. 更新数据

如果源数据工作表进行了数据修改，数据透视表中的数据是不会自动更新的，此时就需要用户进行手动更新，具体操作方法如下。

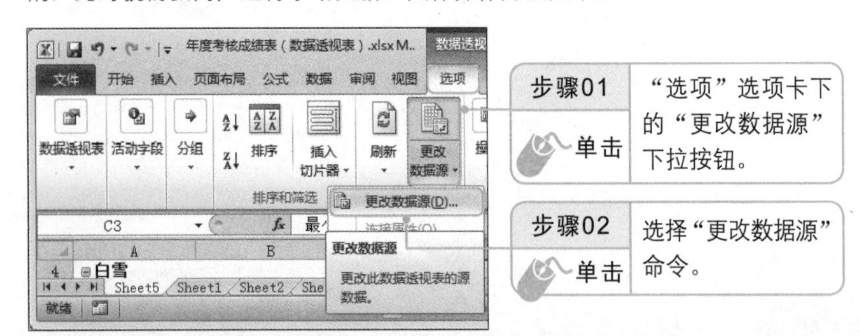

新手注意

如果只改变了数据源的格式或内容，并没有对整个工作表范围进行调整，直接单击“数据”功能组中的“刷新”命令即可使数据透视表与数据源同步。

8.6.3 为数据透视表套用样式

默认情况下，在工作簿中创建的数据透视表都没有设置格式，用户可以根据需要为数据透视表套用各种样式，具体操作方法如下。

本章学习小结

Excel 最大的作用就是对数据进行分析，本章详细介绍了使用 Excel 2010 分析数据的各种方法。首先为读者讲解对数据进行排序和筛选的方法；接着介绍数据的分类汇总；然后列举几种使用条件格式分析数据的方法；再讲解数据的合并计算；最后介绍使用数据透视表的知识。

Chapter 09

用图形表达数据——Excel中图表的创建与应用

本章导读

Excel拥有强大的图表分析功能，使用图表统计与分析数据，可以更直观、更形象地查看表格中相应记录的情况，以及表格中的数据趋势和状态。本章主要向用户介绍在Excel中创建和编辑统计图表的知识。

知识要点

◎ 认识图表及其创建方法
◎ 掌握设置图表的方法
◎ 懂得制作动态图表
◎ 学会使用迷你图

Chapter 06 Chapter 07 Chapter 08 Chapter 09 Chapter 10

9.1 图表的基础操作

在使用图表分析数据前，首先需要掌握一些图表的基础知识以及创建图表的方法，这样在后面的学习中才能更快地领悟。

 光盘路径	素材文件	素材文件 \ 第 9 章 \ 盈利统计表（图表的基础操作）.xlsx
	结果文件	结果文件 \ 第 9 章 \ 盈利统计表（图表的基础操作）.xlsx
	教学视频	教学视频 \ 第 9 章 \9-1.mp4

9.1.1 了解图表的组成

Excel 2010 提供了 11 种标准的图表类型，每一种图表类型都分为几种子类型，其中主要分为二维图表和三维图表。虽然图表的种类不同，但每一种图表的绝大部分组件是相同的，完整的图表包括图表区域、绘图区、图表标题、数据系列、分类轴、数字轴、图例、网格线等，如右图所示。

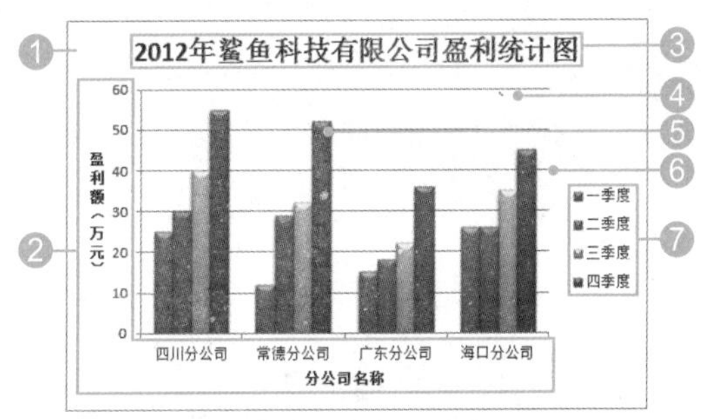

1	图表区：图表中最大的白色区域，作为其他图表元素的容器
2	坐标轴及标题：坐标轴是标识数值大小及分类的水平线和垂直线，上面有标定数据值的标志（刻度）
3	图表标题：用来说明图表内容的文字，它可以在图表中任意移动及修饰
4	绘图区：是图表区中的一部分，即显示图形的矩形区域
5	数据系列：按表格数据生成系列图形块，每一系列自动分配唯一的系列图块颜色，用以标识相关数据组，并与图例颜色匹配
6	网格线：贯穿绘图区的线条，用于作为估算数据系列所示值的标准
7	图例：指出图表中的符号、颜色或形状定义数据系列所代表的内容

9.1.2 创建图表

创建图表首先要根据数据的特点决定采用哪种图表类型，然后按照下面介绍的方法进行操作。与老版本相比，Excel 2010 取消了图表向导，只需选择图表类型、图表布局和样式，就能在创建时得到专业的图表效果，具体操作步骤如下。

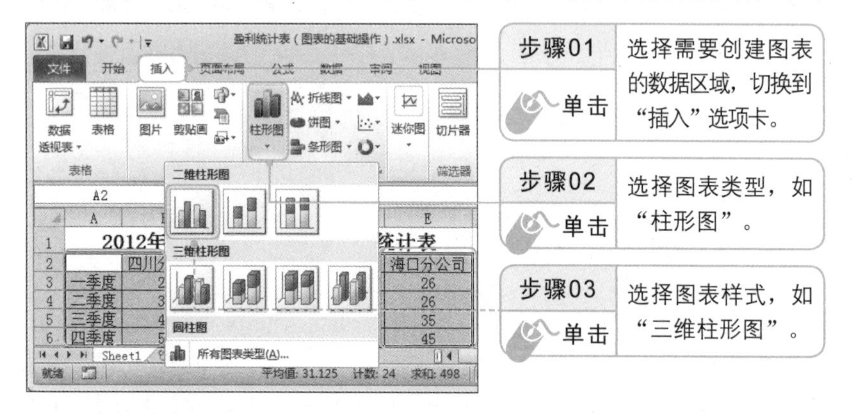

新手注意

单击“图表”功能组右下角的对话框启动器按钮，在打开的“插入图表”对话框中可以选择更多的图表样式。

9.1.3 调整与移动图表

创建的图表与插入的图片一样是作为对象嵌入工作表中的，如果图表的位置不对，就需要移动图表；如果大小不对，也可以像更改图片大小一样更改图表的大小。

1. 调整图表大小

在工作表中创建图表后，其大小如果不符合要求，就需要调整图表的大小，具体操作步骤如下。

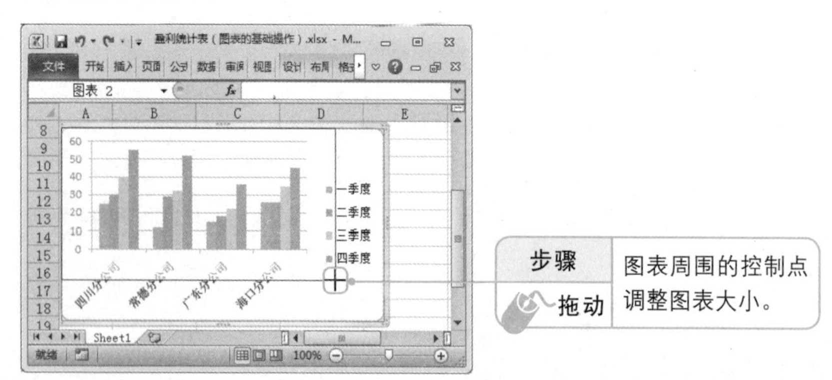

2. 移动图表位置

移动图表时既可以在工作表内进行移动，也可以在工作表之间进行。在工作表内移动图表非常简单，只需要选中图表后，按住鼠标左键不放拖动到目标位置后松开鼠标即可。

这里主要介绍在工作表之间移动图表的方法，具体操作步骤如下。

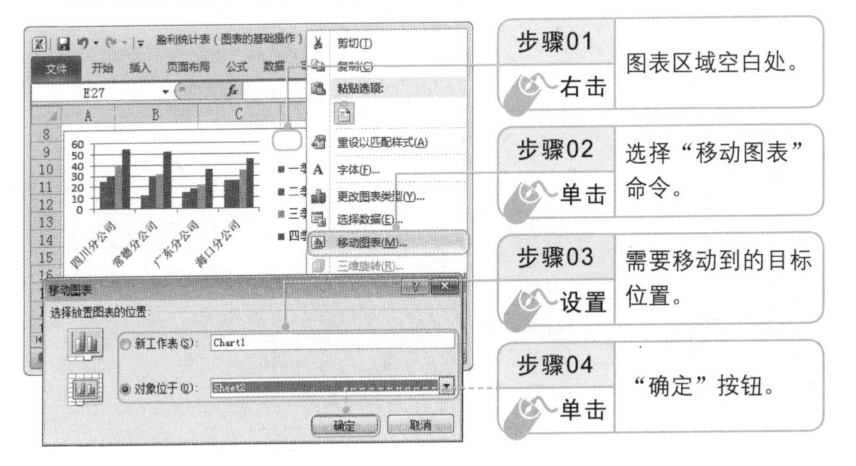

新手注意

如果按住Ctrl键的同时进行拖动，则可以实现图表的复制操作。

9.2 编辑与修改统计图表

新创建的图表布局和样式都是默认的，为了让其布局更适合数据内容的表现，样式与文档页面更加相得益彰，需要对图表进行适当的编辑与修改。本节就将为读者介绍相关的知识。

 光盘路径	素材文件	素材文件 \ 第 9 章 \ 盈利统计表（编辑与修改图表）.xlsx
	结果文件	结果文件 \ 第 9 章 \ 盈利统计表（编辑与修改图表）.xlsx
	教学视频	教学视频 \ 第 9 章 \9-2.mp4

9.2.1 更改图表数据

如果数据源发生变化，或者创建图表时选错数据源，可以对图表数据进行更改。更改数据源主要指的是添加或删除图表中的数据源。

1. 删除数据

当图表中有不需要显示的数据时，可以将其删除，具体操作方法如下。

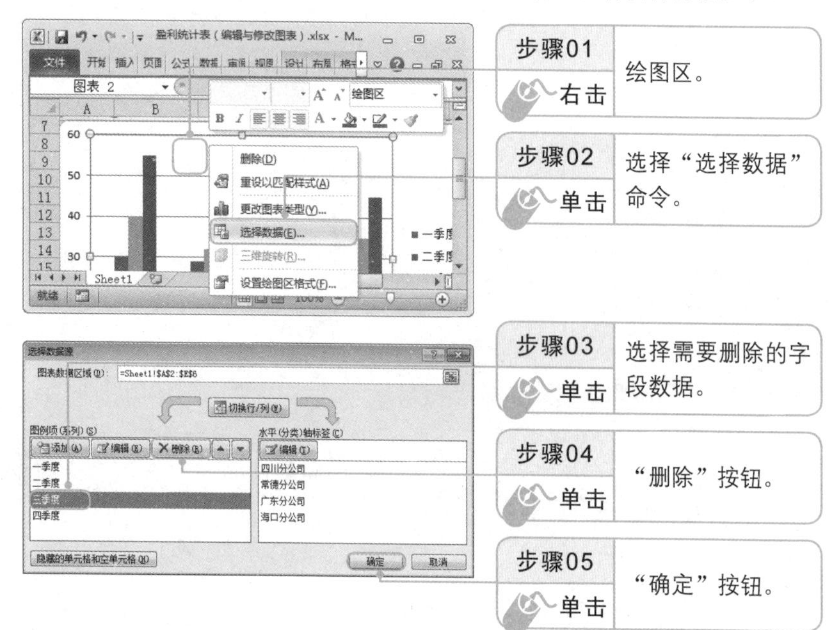

新手注意

在“选择数据源”对话框中，单击“图标数据区域”文本框右侧的“折叠”按钮可以在工作表中重新选择数据源。

2. 添加数据

如果在创建图表时，选择数据区域遗漏了某一行或某一列的数据，可以通过“选择数据源”对话框将其添加到图表中，具体操作方法如下。

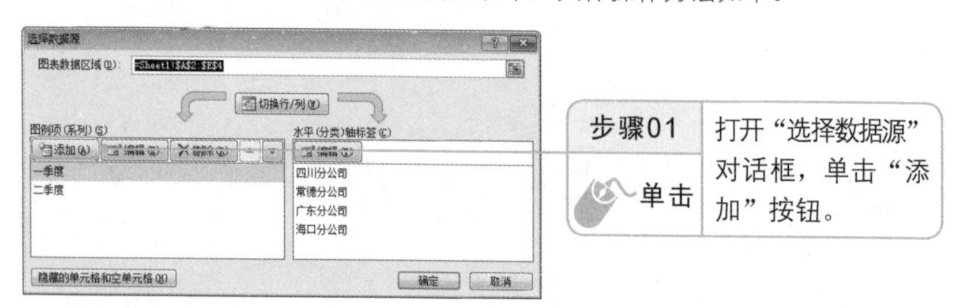

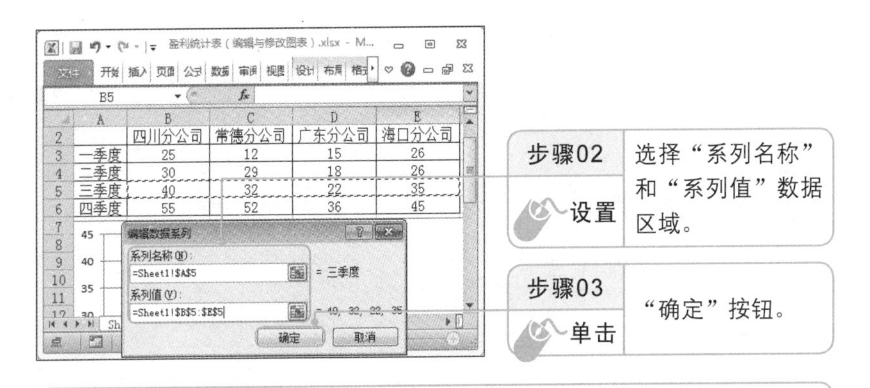

步骤04	返回“选择数据源”对话框，单击“确定”按钮。

9.2.2 设置图表布局样式

用户在创建图表后，可能图表中并没有显示图表标题、坐标轴标题、数据标签等，此时可以通过设置图表布局来显示这些图表元素。

1. 使用预设的图表布局样式

在 Excel 2010 中预设了很多布局样式，用户可以通过使用它们快速设置图表的布局样式效果，具体操作方法如下。

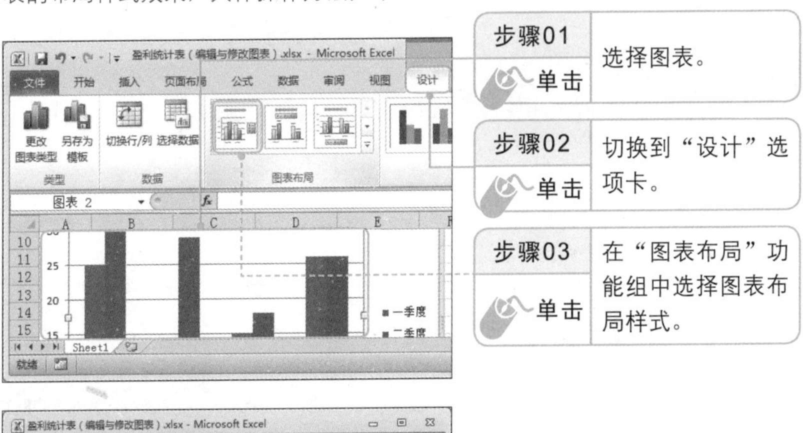

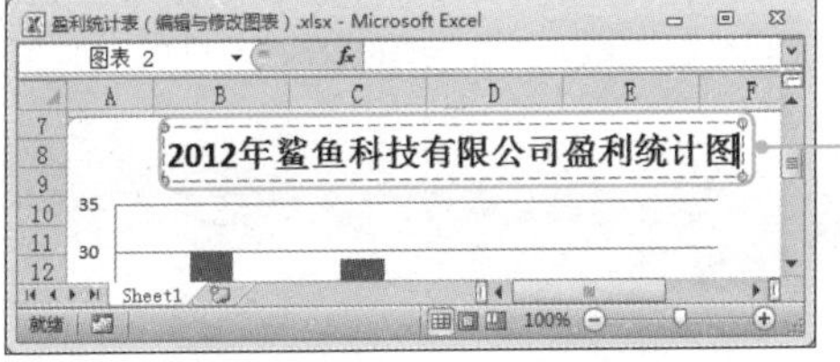

步骤04 输入	图表标题等内容。

2. 自定义图表布局样式

除了使用预设的图表布局样式外，用户还可以自定义图表样式。这里以添加主要坐标轴标题为例进行自定义图表样式介绍，具体操作步骤如下。

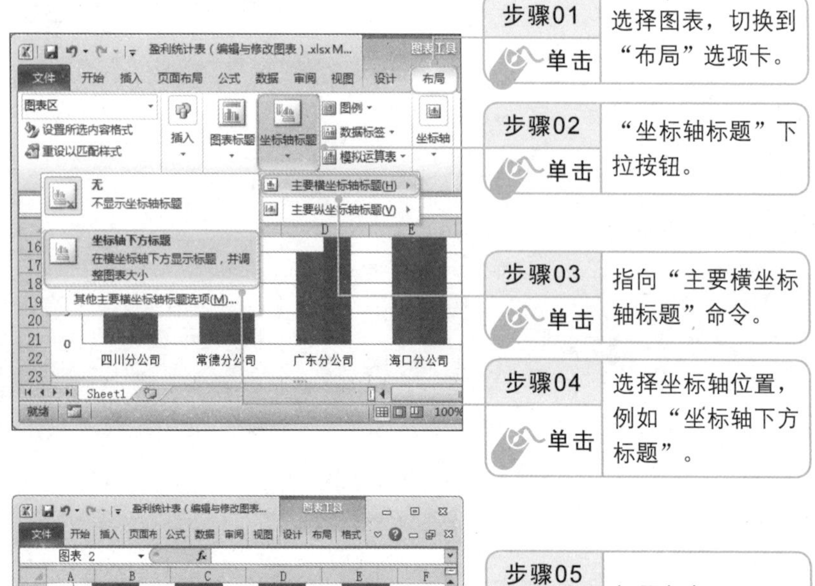

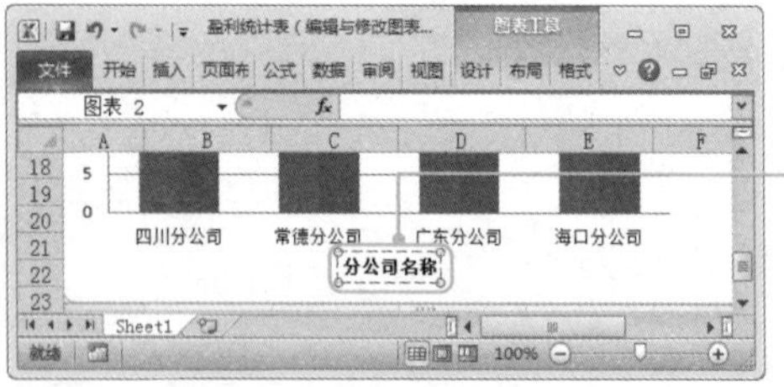

步骤05
输入
标题文本。

新手注意

在“布局”选项卡下方，“标签”功能组中还可以设置图表标题、图例、数据标签、模拟运算表等图表布局样式。

9.2.3 设置图表样式

创建图表之后，为了使图表更加美观，可以为图表设置格式，如设置图表区与图形区的背景样式、设置图表中的数据系列格式、设置图表中的文字格式等。

1. 使用预设的图表样式

使用 Excel 2010 预设的图表样式可以快速美化图表，使图表应用不同的颜色方案、阴影样式和边框格式等，具体操作方法如下。

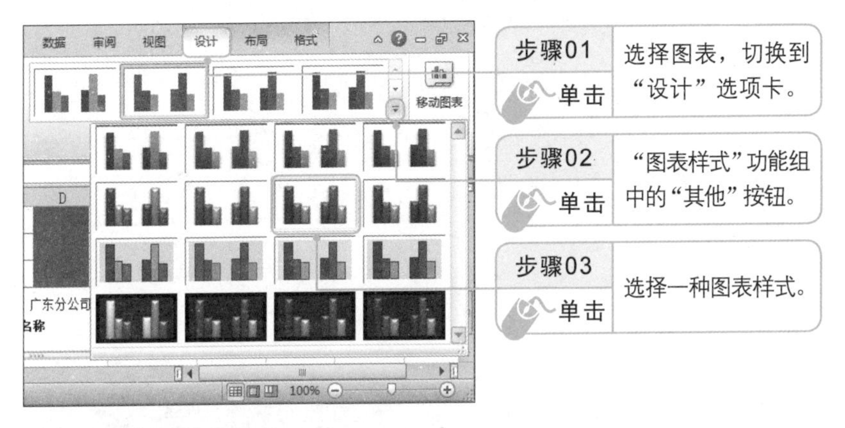

2. 自定义图表样式

除了使用预设的图表样式外，用户还可以自定义图表样式。这里以设置图表绘图区背景为例进行介绍，具体操作步骤如下。

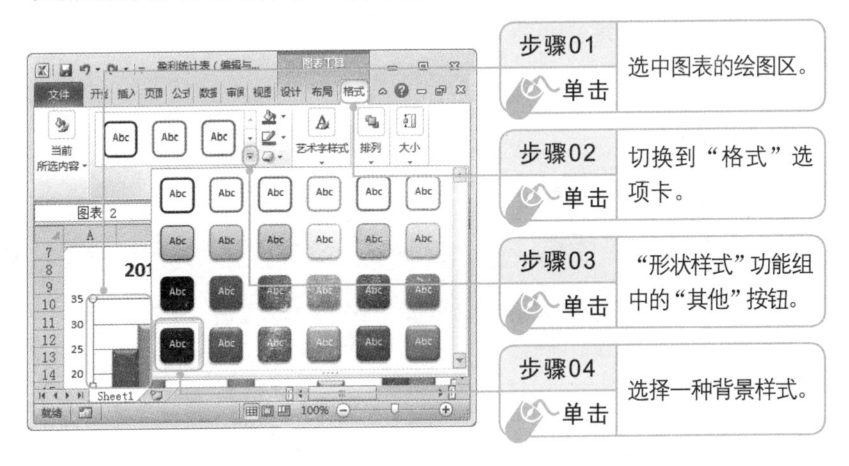

9.2.4 更改图表的类型

创建图表后，如果图表的类型不符合要求，还可以更改图表的类型，具体操作步骤如下。

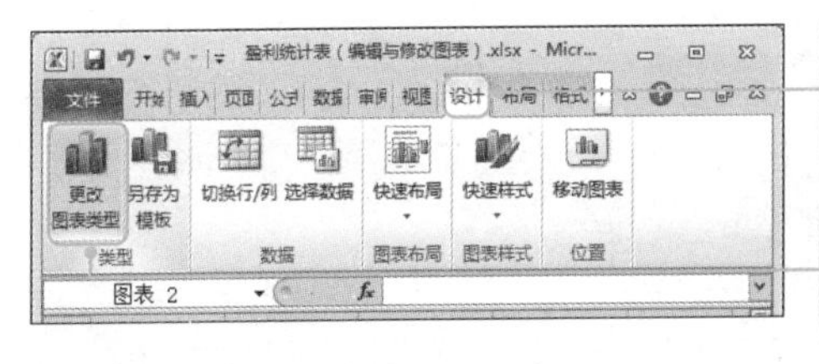

步骤01 单击 选中图表，切换到“设计”选项卡。

步骤02 单击 “更改图表类型”按钮。

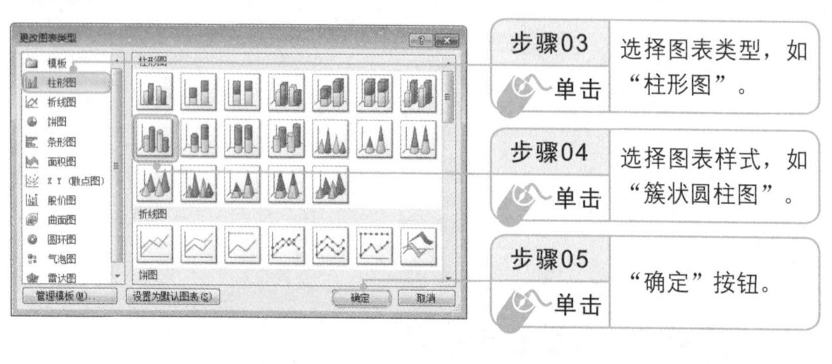

9.3 制作动态图表

趋势线用于以图形的方式显示数据的趋势并帮助分析预测问题，这种分析也称为回归分析。通过使用回归分析，可以在图表中将趋线延伸至实际数据以外，预测未来值。

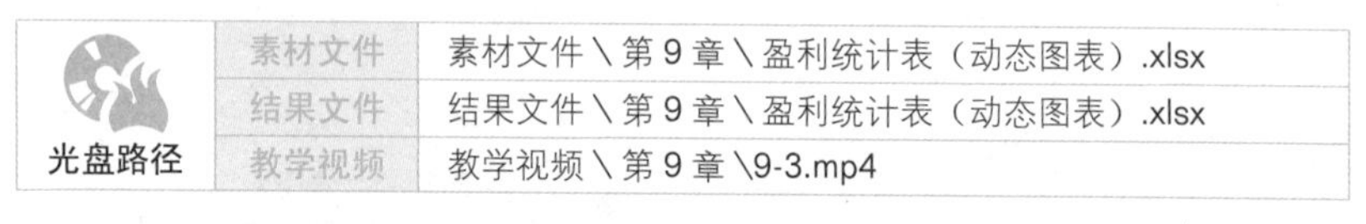

光盘路径		
	素材文件	素材文件＼第 9 章＼盈利统计表（动态图表）.xlsx
	结果文件	结果文件＼第 9 章＼盈利统计表（动态图表）.xlsx
	教学视频	教学视频＼第 9 章＼9-3.mp4

9.3.1 添加趋势线

为数据系列添加趋势线可以更加直观地看出该系列数据的整体发展态势。添加趋势线的具体操作步骤如下。

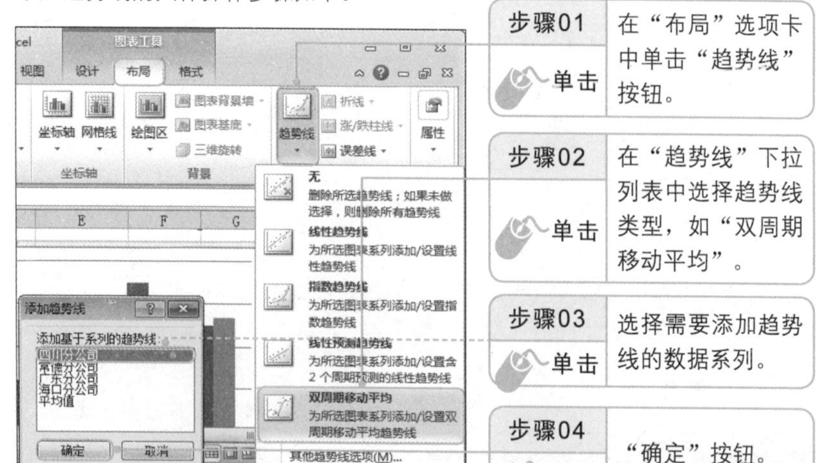

9.3.2 添加误差线

误差线通常用于统计数据，显示潜在的误差或相对于数据系列中每个数据值的不确定程度。添加误差线的具体操作步骤如下。

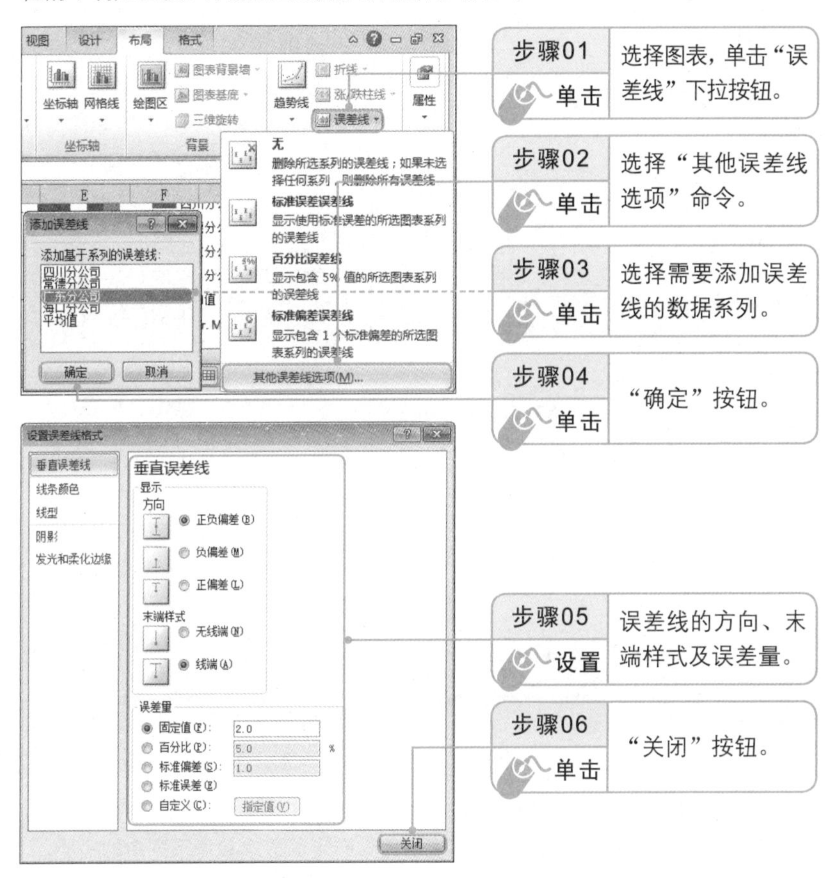

新手注意

如果在单击“误差线”下拉按钮后，在下拉列表中直接选择误差线类型，程序将默认为所有数据系列添加误差线。

9.3.3 使用组合图表

组合图表，即在一个图表中使用多种图表类型，其实就是改变单个或部分数据系列的图表类型，具体操作方法如下。

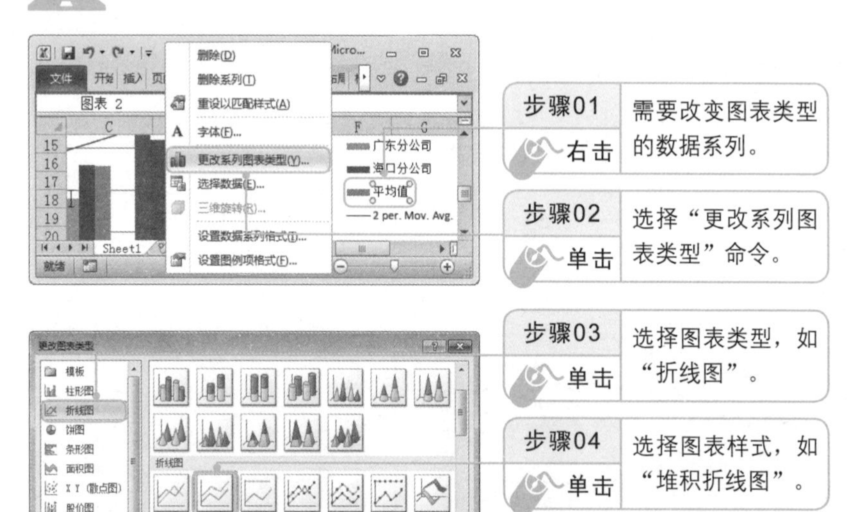

新手注意

组合图表只能应用于二维图表，三维图表是不能组合的，所以如果需要使用组合图表，首先需要将图表类型改为二维图表。

9.4 使用迷你图

迷你图是 Excel 2010 中的新增功能，它是工作表单元格中的一个微型图表，可提供数据的直观表示。使用迷你图可以显示数值系列中的趋势，如季节性增加或减少、经济周期等，或者可以突出显示最大值和最小值。在数据旁边放置迷你图可以十分直观地表现表格数据。

光盘路径	素材文件	素材文件 \ 第 9 章 \ 股票走势记录表 .xlsx
	结果文件	结果文件 \ 第 9 章 \ 股票走势记录表 .xlsx
	教学视频	教学视频 \ 第 9 章 \9-4.mp4

9.4.1 插入迷你图

在表格行或列中呈现的数据一般比较多，而且很难一眼看出数据的分布形态。通过在数据旁边插入迷你图可以为这些数据提供直观的展示。

迷你图只需占用少量空间就可以通过清晰简明的图形表示方法显示相邻数据的趋势。例如，要为股票走势表插入迷你图，比较各支股票的一周走势，具体操作方法如下。

步骤04 拖动 选择需要创建迷你图的数据范围。

步骤05 单击 “确定”按钮。

高手点拨

快速复制迷你图

如果需要插入迷你图的单元格和该迷你图的源数据在同一列中，在插入第一个迷你图后就可以按照填充数据的方法，快速在其他单元格中插入迷你图。

9.4.2 更改迷你图数据

如果创建的迷你图数据不符合要求，可以更改现有迷你图的数据。例如，要将创建的迷你走势图改为几支股票在同一天的对比数据，具体操作方法如下。

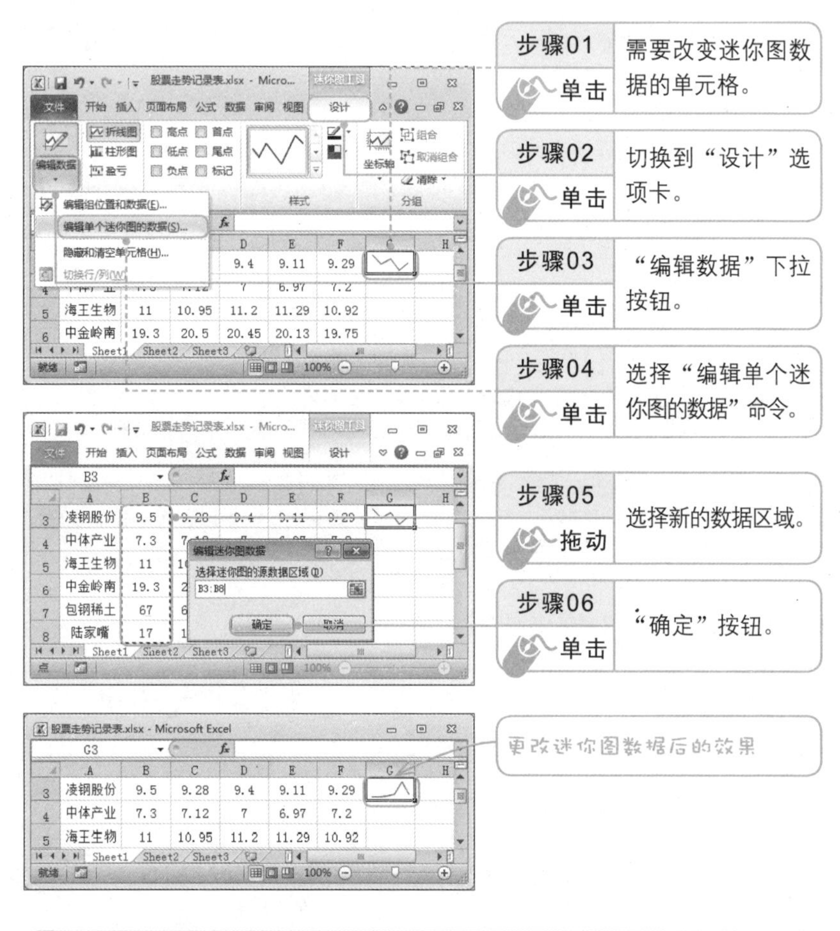

9.4.3 更改迷你图类型

迷你图分为折线图、柱形图和盈亏 3 类，用户可以随意更改现有迷你图的类型，使图表更好地表现指定的数据。

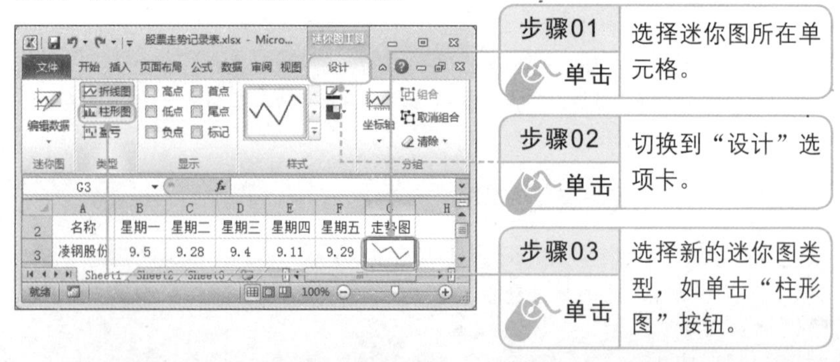

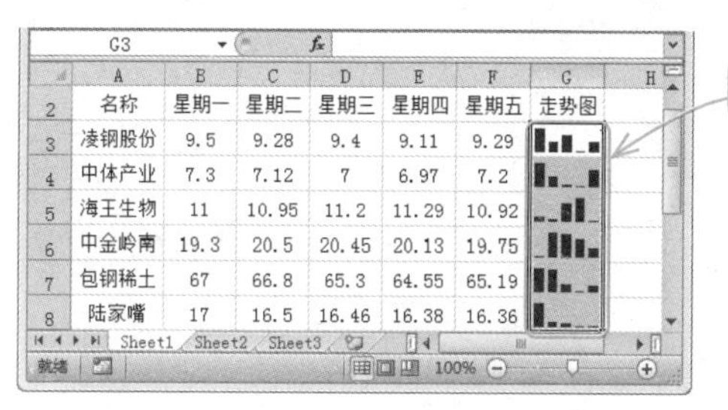

	A	B	C	D	E	F	G
2	名称	星期一	星期二	星期三	星期四	星期五	走势图
3	凌钢股份	9.5	9.28	9.4	9.11	9.29	
4	中体产业	7.3	7.12	7	6.97	7.2	
5	海王生物	11	10.95	11.2	11.29	10.92	
6	中金岭南	19.3	20.5	20.45	20.13	19.75	
7	包钢稀土	67	66.8	65.3	64.55	65.19	
8	陆家嘴	17	16.5	16.46	16.38	16.36	

更改迷你图类型后的效果

9.4.4 显示迷你图中不同的点

在迷你图中提供了显示“高点”、“低点”、“负点”、“首点”、“尾点”和“标记”等不同点的功能，使用这些功能可以快速在迷你图上标识出需要强调的数据值。下面以在迷你图中显示出“高点”和“低点”为例进行介绍，具体操作方法如下。

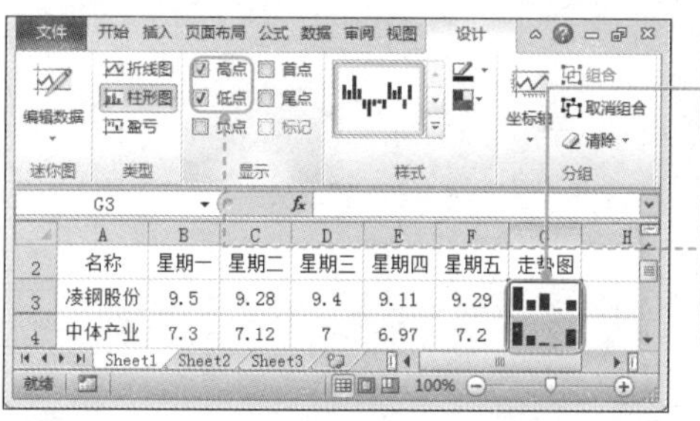

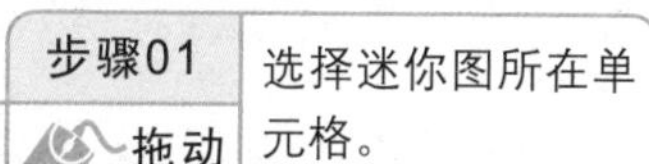

步骤01 拖动 选择迷你图所在单元格。

步骤02 单击 选中需要显示点的复选框，如“高点”和“低点”。

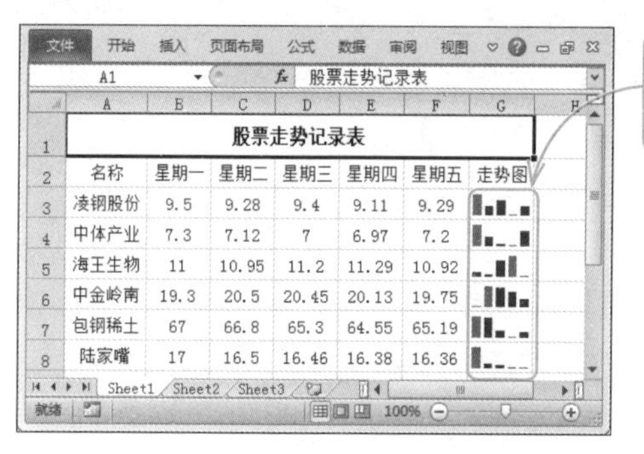

	A	B	C	D	E	F	G
1	股票走势记录表						
2	名称	星期一	星期二	星期三	星期四	星期五	走势图
3	凌钢股份	9.5	9.28	9.4	9.11	9.29	
4	中体产业	7.3	7.12	7	6.97	7.2	
5	海王生物	11	10.95	11.2	11.29	10.92	
6	中金岭南	19.3	20.5	20.45	20.13	19.75	
7	包钢稀土	67	66.8	65.3	64.55	65.19	
8	陆家嘴	17	16.5	16.46	16.38	16.36	

经过上述操作后，每个迷你图中最高柱形图和最低柱形图的颜色都变浅了一些

本章学习小结

本章主要为读者讲解使用图表对数据进行分析的相关知识。首先让读者了解图表的组成及其基础操作；接着从编辑数据、布局和样式 3 个方面介绍图表的设置操作；然后讲解动态图表的制作方法；最后讲解迷你图的使用。

Chapter 10

制作媒体幻灯片——PPT幻灯片的创建与编辑

本章导读

在网络信息时代的今天，演示文稿被广泛地应用在演讲、报告、会议和多媒体课件制作等众多领域。无论是企业还是个人，如果不懂得使用PowerPoint制作幻灯片，都有可能成为走在潮流末端的人。

知识要点

- ◎ 了解PowerPoint 2010的基础知识
- ◎ 学会在幻灯片中添加内容
- ◎ 掌握演示文稿的外观设置
- ◎ 学会超链接和动作按钮的使用

10.1 PowerPoint 2010的基础知识

要制作一个演示文稿，首先应懂得对每个幻灯片对象进行操作的方法。PowerPoint 中的每一张幻灯片都是相对独立的，用户可以对这些幻灯片进行各种操作。

 光盘路径	素材文件	素材文件＼第 10 章＼项目提案 .pptx
	结果文件	结果文件＼第 10 章＼项目提案 .pptx
	教学视频	教学视频＼第 10 章＼10-1.mp4

10.1.1 PowerPoint 2010的视图应用

为了满足不同的操作需要，PowerPoint 2010 为用户提供了 4 种主要视图，包括普通视图、幻灯片浏览视图、备注页视图和阅读视图。

1. 常用视图功能介绍

对幻灯片进行查看、编辑等操作会使用到不同的视图。下面，分别讲解各视图的功能。

（1）普通视图

普通视图是主要的编辑视图，可用于撰写或设计演示文稿。它实际上分为两种形式，分别是“幻灯片”和“大纲”，主要区别在于 PowerPoint 工作界面最左边的预览窗口，用户可以通过单击该预览窗口上方的切换按钮来进行切换。

- 幻灯片窗格：此区域是在编辑时以缩略图大小的图像在演示文稿中观看幻灯片的主要场所，如右图所示。使用缩略图能方便地查看演示文稿，并观看任何设计更改的效果，在这里还可以轻松地重新排列、添加或删除幻灯片。

- 大纲窗格：此区域是编辑演示文稿之初用于撰写幻灯片中的文字内容的。在这里，可以设计幻灯片目录，添加文字内容，并能移动幻灯片和文本，如右图所示。“大纲”选项卡以大纲形式显示幻灯片文本，双击大纲窗格中数字标记右侧的▭按钮，可以折叠或打开幻灯片窗格的文本级别。

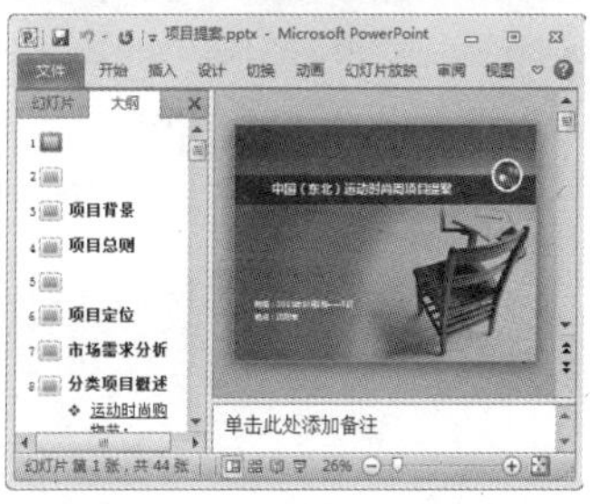

（2）幻灯片浏览视图

对幻灯片进行编辑时使用幻灯片浏览视图的时候比较多，如复制、移动幻灯片时。在幻灯片浏览视图中，幻灯片呈横向排列，这时可以调整演示文稿中的幻灯片位置，并改变其显示效果。在该视图中还可以对演示文稿进行整体编辑，如添加或删除幻灯片、改变幻灯片的背景设计等，但不能编辑单张幻灯片的具体内容。在幻灯片浏览视图中，还可以为每张幻灯片设置播放时的切换效果，如右图所示。

（3）备注页视图

在备注视图中，可以输入插入幻灯片的日期或者需要注意的内容。在备注页视图模式下，用户可以方便地添加或更改备注信息，以便在演示过程中使用，也可以打印一份备注页作为参考。同时，在该视图中也可以添加图形等信息，如下左图所示。

（4）阅读视图

阅读视图用于查看计算机放映演示文稿。在一个设有简单控件以方便审阅的窗口中查看演示文稿，而不想使用全屏的幻灯片放映视图，则可以在自己的计算机上使用阅读视图。如果要更改演示文稿，可随时从阅读视图切换至某个其他视图，如下右图所示。

2. 切换视图

要应用视图首先要切换到所需的视图，在 PowerPoint 2010 中切换视图的操作方法如下。

步骤01 单击	切换到“视图”选项卡。
步骤02 单击	“演示文稿视图”功能组中的视图方式按钮，即可切换视图。

高手点拨

快速切换幻灯片视图

单击PowerPoint状态栏右侧的视图切换按钮也可以直接切换到对应的视图。

10.1.2 插入幻灯片

演示文稿是由一张张幻灯片组成的，它的数量并不是固定的，用户可以根据需要添加新幻灯片。在新建空白演示文稿时，只包含了一张幻灯片，其他的幻灯片都需要用户新建，在演示文稿中插入新幻灯片的操作方法如下。

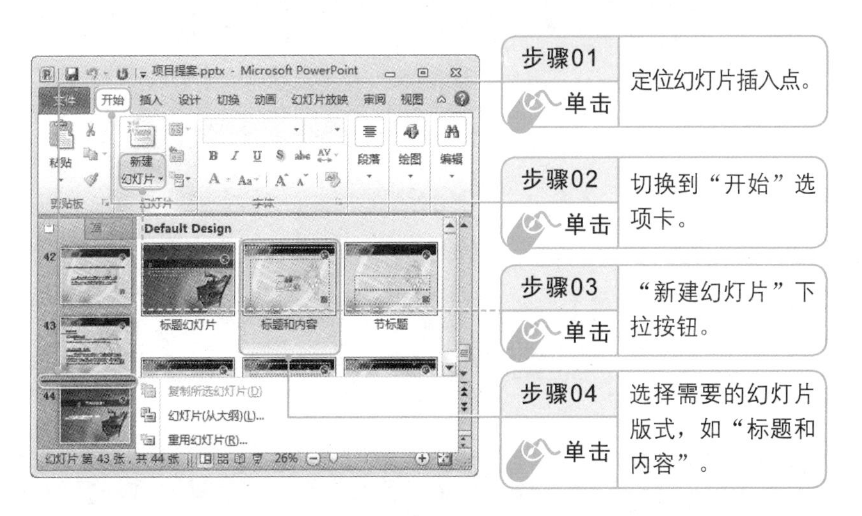

高手点拨

使用快捷键插入幻灯片

在“幻灯片”窗格中选择某张幻灯片后，按Enter键或Ctrl+M组合键可以在当前幻灯片的下方添加一张与选中幻灯片版式相同的新幻灯片。

10.1.3 选择幻灯片

在对任意幻灯片进行编辑前，首先需要选择该幻灯片。选择幻灯片分为选择一张幻灯片、选择多张相邻的幻灯片、选择多张不相邻的幻灯片以及选择全部幻灯片 4 类。

- 选择一张幻灯片：在打开的演示文稿中单击主窗口左侧的“幻灯片”选项卡中要选择的幻灯片，即可选择该张幻灯片。
- 选择多张相邻的幻灯片：单击需要选择幻灯片范围的第一张幻灯片，然后按住 Shift 键的同时单击需要选择幻灯片范围的最后一张幻灯片。
- 选择多张不相邻的幻灯片：单击需要选择的其中一张幻灯片，然后按住 Ctrl 键的同时单击要选择的其他幻灯片。
- 选择全部幻灯片：确保当前处于普通视图方式下，单击“幻灯片”选项卡中的任意位置，然后切换到“开始”选项卡，在“编辑”功能组中单击 选择 按钮，在弹出的下拉列表中选择“全选”命令。

10.1.4 删除幻灯片

如果演示文稿中包含不需要的幻灯片，可以将其删除。删除幻灯片可以采用以下方法。

- 右击要删除的幻灯片，然后在弹出的快捷菜单中选择“删除幻灯片”命令将幻灯片删除。
- 选择要删除的幻灯片，然后按 Delete 键。

10.1.5 移动与复制幻灯片

移动和复制幻灯片是编辑幻灯片的基础操作，掌握其使用方法可以大大提高制作幻灯片的效率。

1. 移动幻灯片

如果需要调整幻灯片之间的相对位置，可以通过移动幻灯片操作来完成，具体操作步骤如下。

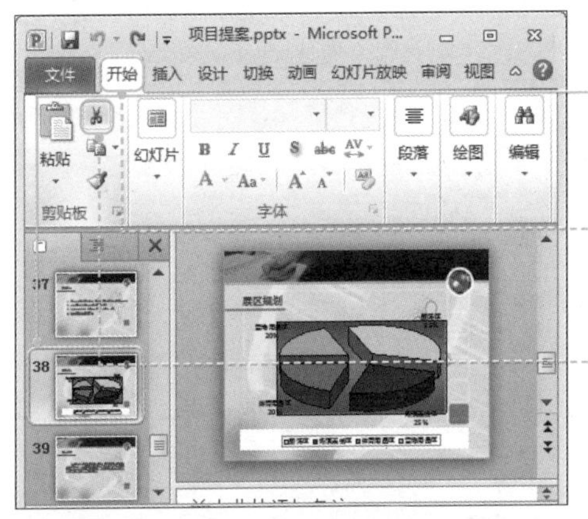

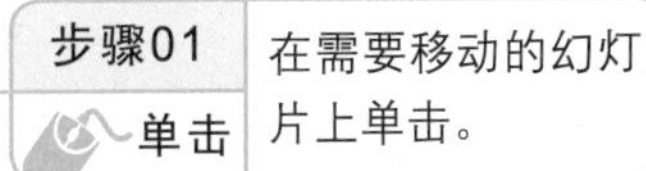

步骤02 单击 切换到“开始”选项卡。

步骤03 单击 “剪切”按钮。

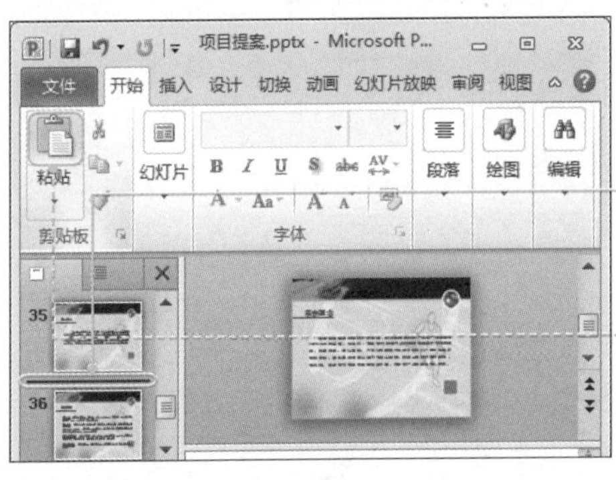

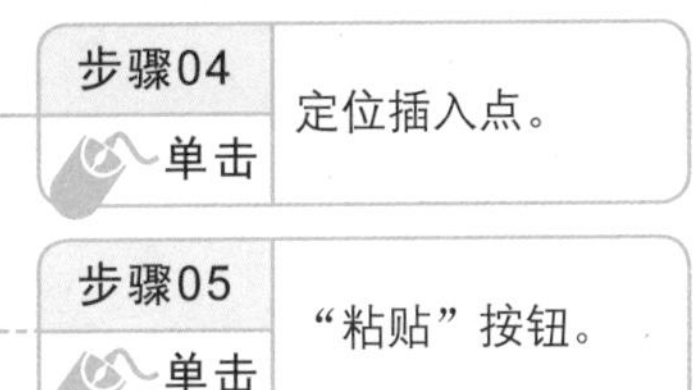

2. 复制幻灯片

当要创建的幻灯片内容与现有幻灯片内容相同或相似时，可以复制现有幻灯片，然后对其内容稍加改动即可。复制幻灯片的操作方法与移动幻灯片的方法基本相同，只需将剪切操作换成复制操作，单击“复制”按钮（或按Ctrl+C 组合键）即可。

10.2 添加对象丰富幻灯片内容

当用户定义好幻灯片的外观后，下面就要在幻灯片中添加各种对象来丰富幻灯片内容了，如输入文字、添加图形图片、插入表格、声音和影片等。

光盘路径		
	素材文件	素材文件 \ 第 10 章 \ 保护动物（添加对象）.pptx
	结果文件	结果文件 \ 第 10 章 \ 保护动物（添加对象）.pptx
	教学视频	教学视频 \ 第 10 章 \10-2.mp4

10.2.1 在幻灯片中添加文本

在幻灯片中主要通过占位符输入内容，占位符是 PowerPoint 2010 中一种带有虚线或阴影线边缘的文本框。大多数幻灯片版式都提供了文本占位符，占位符中预设了文本的属性和样式，不仅可以放置标题及正文文本，还可以放置图表、表格等对象。

在幻灯片中输入标题文本的具体操作方法如下。

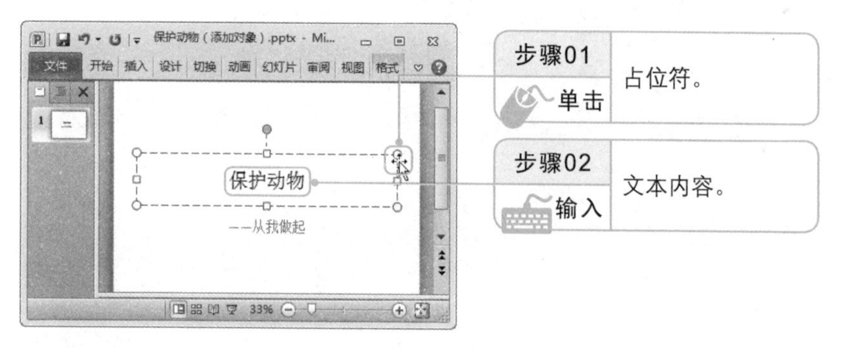

高手点拨

使用文本框添加文本内容

每种版式幻灯片的占位符都是有限的，如果要在幻灯片中添加更多的文本对象，可以插入文本框，其方法与在Word中插入文本框的方法相同。切换到“插入”选项卡，在“文本”功能组中单击“文本框”按钮，然后进行绘制。

10.2.2 设置与编辑占位符

编辑占位符包括调整占位符的大小、位置和占位符中的文本格式，下面分别进行讲解。

1. 调整占位符的位置

要调整占位符的位置时，将鼠标指向占位符的一条边框线，并在指针变为✥样式时将占位符拖动到一个新位置即可。

2. 调整占位符的大小

调整占位符的大小，只要选择占位符的边框，将鼠标指向它的一个尺寸控点，并在指针变为双箭头↔或↕样式时拖动此控点即可。

3. 设置占位符中的文本格式

设置文本格式（包括字体、字号、大小写、颜色或间距、项目符号与编号等）时，可先选择文本，然后在“开始”选项卡的“字体”功能组中选择需要的选项即可。

10.2.3 在幻灯片中添加图形图片

图形图片是丰富幻灯片内容的重要手段之一。与 Word 文档一样，图形图片对象主要包括剪贴画、图片、艺术字、表格等。在幻灯片中插入与编辑这些对象的方法与 Word 文档中的使用方法基本相同，所以此处不再对这些内容进行详细介绍。

10.2.4 插入和编辑音频

为了拓展向观众传递信息的渠道，增强演示文稿的感染力，PowerPoint 为用户提供了插入多媒体文件的功能。用户可以根据需要轻松地将音频文件插入到幻灯片中。

1. 插入声音

在幻灯片中插入声音能够有效地活跃幻灯片演示过程中的氛围，并能触发观众的思维灵感。在幻灯片中插入声音的具体操作方法如下。

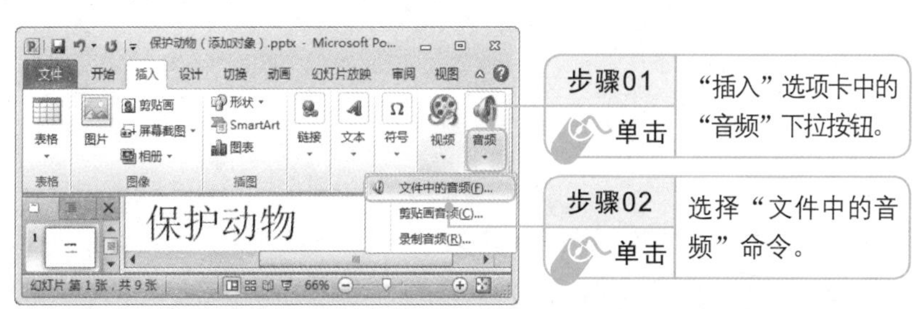

高手点拨

插入其他音频文件

在“音频”下拉列表中选择“剪贴画音频”命令，可以打开“剪贴画”窗格，选择PowerPoint 2010预设的音频文件进行插入；选择“录制音频”命令，可以使用音频输入设备为幻灯片录制声音。

在幻灯片中插入音频文件后，会出现一个喇叭状的图标

新手注意

插入音频文件后，会在幻灯片中显示图标和播放工具栏。选择图标后，单击工具栏中的 ▶ 按钮，可以播放音乐文件；单击 ◀▶ 按钮可以向前和向后移动0.25秒，单击 🔊 按钮，可以调整音频文件的音量大小。

2. 设置音频选项

在演示文稿中插入声音后，为了更好地控制声音播放，还必须掌握一些设置方法，如更改音频图标、声音跨幻灯片播放、裁剪音频等。

（1）更改音频文件图标

为幻灯片插入音频文件后，会在幻灯片中显示一个喇叭图标，这就是音频文件的图标。为了让音频文件的图标更漂亮，可以对该图表的外观进行更改，具体操作步骤如下。

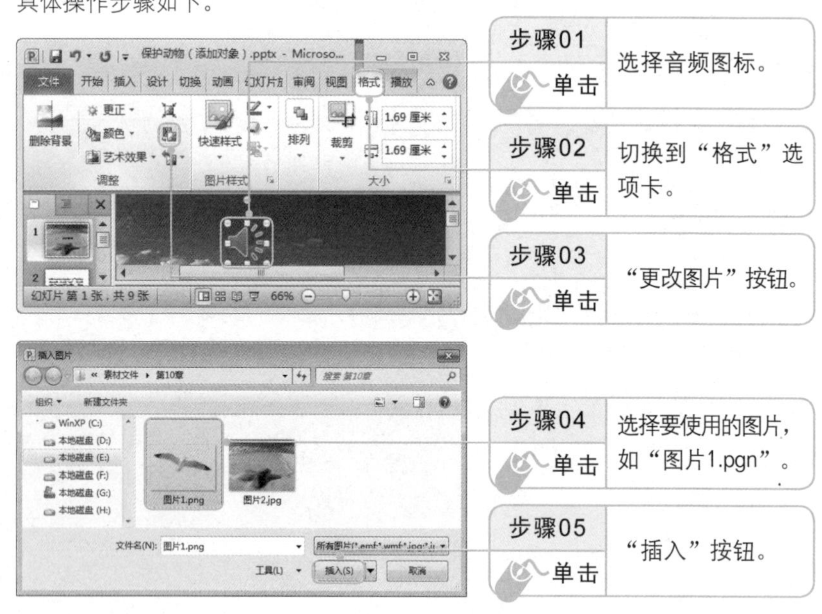

高手点拨

隐藏声音图标

选择音频图标后，切换到“播放”选项卡，在“音频选项”功能组中选中“放映时隐藏”复选框，可以在放映演示文稿时隐藏音频图标。

（2）声音跨幻灯片播放

在幻灯片中插入声音后，默认情况下，在切换到下一张幻灯片时该声音会自动停止。如果要创建在整个演示文稿放映过程中都有效的背景音乐，具体操作步骤如下。

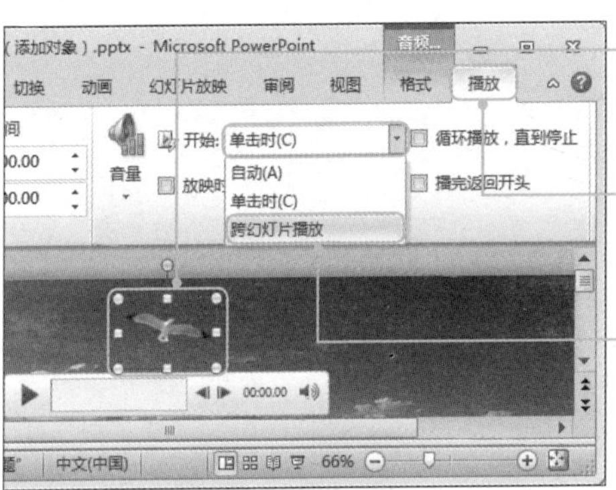

新手注意

将音频设置为“跨幻灯片播放”后，音频将随幻灯片的放映开始自动播放，直至音频播放结束。

（3）裁剪音频

如果插入的音频文件播放时间比较长，又只需要其中的高潮部分，可以直接在 PowerPoint 中裁剪音频，具体操作步骤如下。

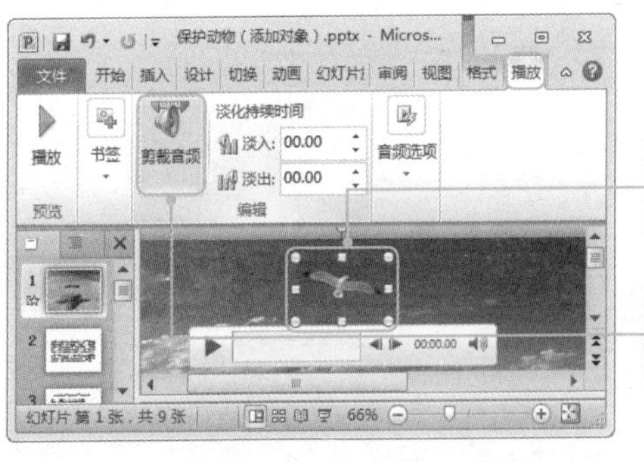

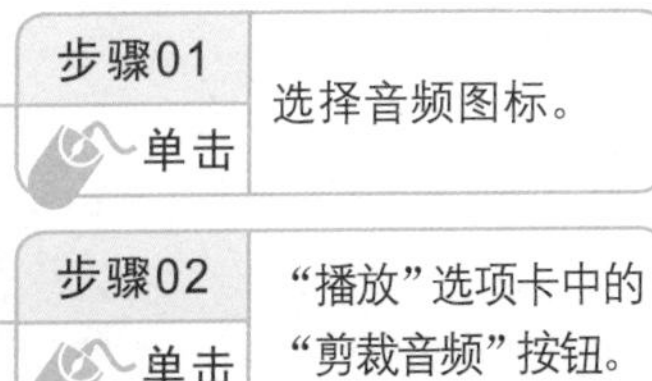

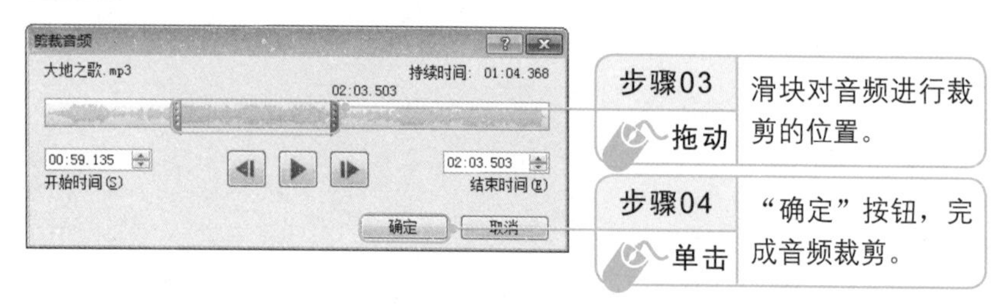

10.2.5 插入和编辑视频

在幻灯片中也可以插入视频文件，这样在播放演示文稿的同时还可以播放相关的视频文件。

1. 插入视频

在幻灯片中插入视频可以让幻灯片内容更加丰富，让幻灯片更具吸引力。在幻灯片中插入视频的具体操作方法如下。

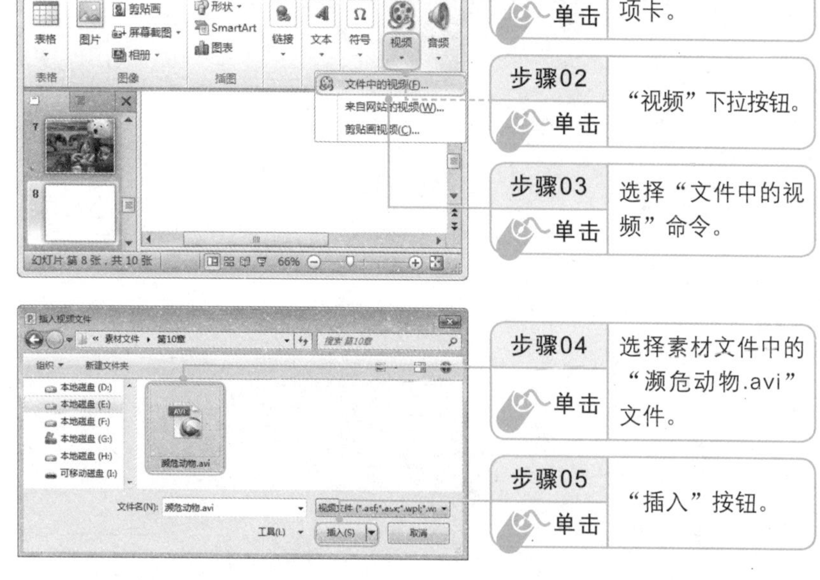

2. 设置视频选项

在演示文稿中插入影片后，为了更好地控制影片播放，还必须掌握一些设置方法，下面就来介绍设置视频选项的相关知识。

（1）自动放映视频

在放映幻灯片时，视频文件开始播放的方式有“单击时”和“自动”两种，PowerPoint 默认的是“单击时”播放，下面主要介绍一下自动放映视频的方法。

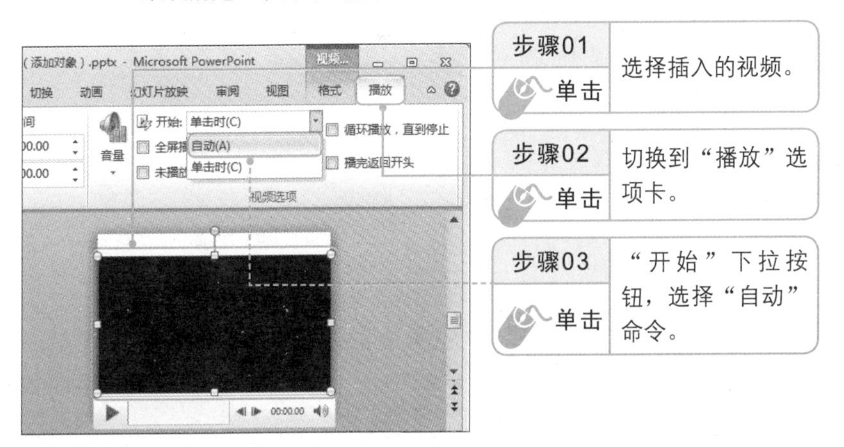

新手注意

设置为“自动”开始播放后，当演示文稿播放至插入了视频的幻灯片时，视频也会自动开始播放。

（2）全屏播放视频

如果想在放映演示文稿时获得最佳的视频观赏效果，可以设置全屏播放，具体操作方法如下。

高手点拨

裁剪视频

与音频文件一样，视频文件同样可以进行裁剪，其具体操作方法与音频文件的裁剪方法基本相同。

10.3 统一演示文稿的外观格式

在演示文稿中，为了体现所讲内容的系统性，可以为幻灯片设置统一的外观，这样既能使所讲内容显得专业，也能使演示文稿更加美观。

 光盘路径	素材文件	素材文件\第 10 章\保护动物（统一外观）.pptx
	结果文件	结果文件\第 10 章\保护动物（统一外观）.pptx
	教学视频	教学视频\第 10 章\10-3.mp4

10.3.1 设置幻灯片主题

幻灯片主题包含了一组已经设置好的幻灯片颜色效果、字符效果、图形外观效果等设计元素。将主题应用于幻灯片后，主题中包含的所有设置好的设计元素将应用到该演示文稿的所有幻灯片中。

例如，为整个演示文稿应用“气流”主题，具体操作方法如下。

步骤01 单击 切换到“设计”选项卡。

步骤02 单击 “主题”功能组中的“其他”按钮。

步骤03 单击 需要的主题样式，如“气流”。

新手注意

因为主题中各种对象的格式是统一的，这可能会影响到部分内容的排版，这时就需要对内容进行调整。所以，建议用户最好先设置主题然后进行内容的添加；如果希望只修改部分幻灯片的主题，可先选择需要修改主题的幻灯片，然后右击需要的主题，选择“应用于选定幻灯片”命令。

10.3.2 设置幻灯片背景

设置幻灯片背景是指将幻灯片的背景以一种颜色或图案进行填充。例如，为幻灯片设置图片背景的具体操作方法如下。

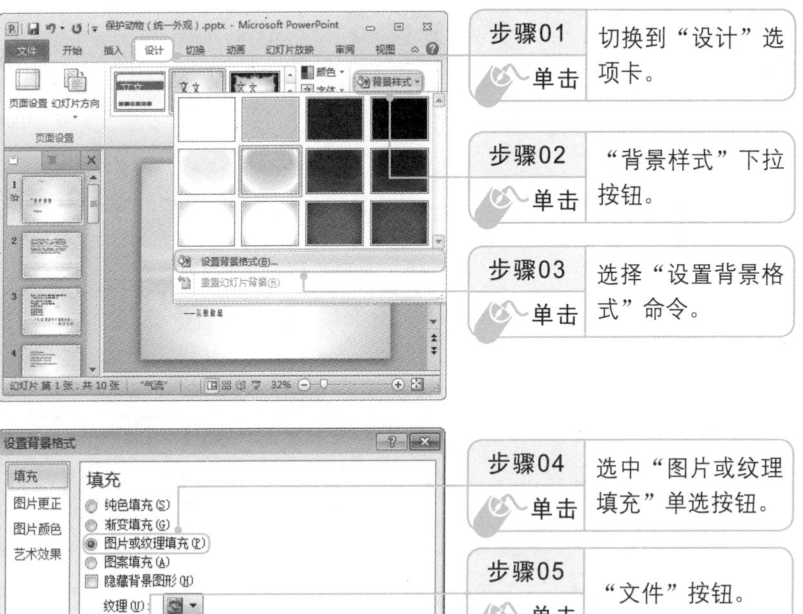

步骤01 单击 切换到“设计”选项卡。

步骤02 单击 “背景样式”下拉按钮。

步骤03 单击 选择“设置背景格式”命令。

步骤04 单击 选中“图片或纹理填充”单选按钮。

步骤05 单击 “文件”按钮。

步骤06 单击 选择素材文件中的“图片2.jpg”文件。

步骤07 单击 “插入”按钮。

步骤08 返回“设置背景格式”对话框，单击“关闭”按钮。

为幻灯片设置背景后的效果

新手注意

在“设置背景格式”对话框中还可以对已有的图片或图案进行更加详细的设置，如颜色、效果、透明度等。

高手点拨

隐藏主题背景

选中“背景”功能组中的“隐藏背景图形”复选框，可以将主题自带的背景图片进行隐藏，从而只显示自己设置的背景。

10.3.3 使用幻灯片母版

幻灯片母版主要用于设置整个演示文稿的外观。在幻灯片母版视图下方可以对所有幻灯片或者使用了某一版式的所有幻灯片统一进行背景设置或文本格式设置。

1. 切换至幻灯片母版视图

要使用幻灯片母版编辑幻灯片，首先需要切换至幻灯片母版视图，具体操作方法如下。

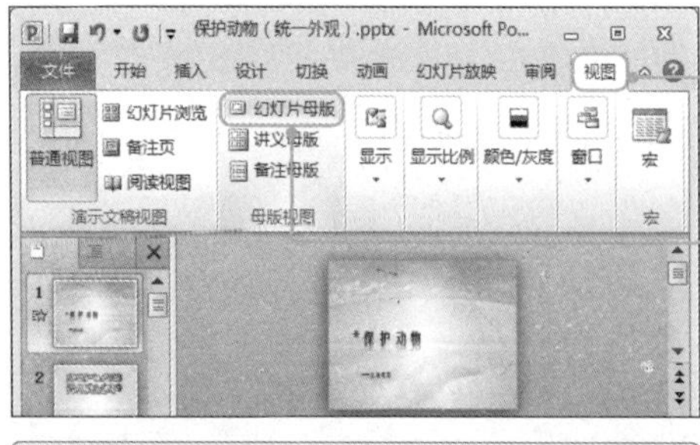

步骤01 单击 切换到“视图”选项卡。

步骤02 单击 “幻灯片母版”按钮。

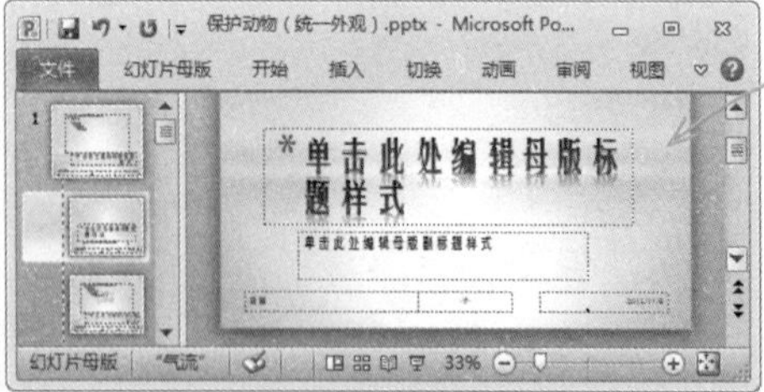

在幻灯片母版中不会显示普通视图下编辑的幻灯片内容，只有占位符和示例文本

2. 编辑幻灯片母版

默认情况下，一个幻灯片母版中包含了 11 个不同的版式，选中幻灯片母版进行编辑可以改变整个演示文稿中所有幻灯片的格式；选中某一个版式进行编辑则可以改变使用了该版式的所有幻灯片的格式。

在幻灯片母版视图方式下的操作方法与普通视图方式下的操作方法相同，只是在幻灯片母版视图下所添加的文本、图片等可视内容，切换到普通视图后会自动以背景的方式显示，不能进行编辑。

如果对占位符进行了格式编辑，返回普通视图时，文本将自动按照幻灯片母版视图方式下所编辑的格式呈现出来。

3. 退出幻灯片母版视图

对幻灯片母版编辑完成后，就需要关闭幻灯片母版视图进入普通视图，具体操作方法如下。

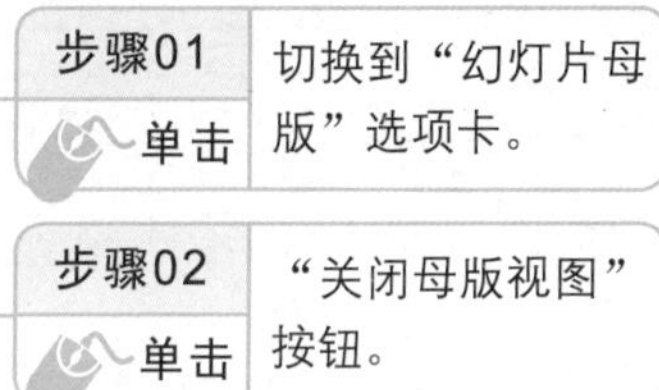

10.4 设置幻灯片互动效果

在 PowerPoint 2010 中，用户可以为幻灯片中的文本、图形和图片等对象添加超链接或动作，使幻灯片之间具有互动效果。

 光盘路径	素材文件	素材文件 \ 第 10 章 \ 保护动物（互动效果）.pptx
	结果文件	结果文件 \ 第 10 章 \ 保护动物（互动效果）.pptx
	教学视频	教学视频 \ 第 10 章 \10-4.mp4

10.4.1 插入超链接

超链接是指向特定位置或文件的一种连接方式，在 PowerPoint 中能够创建多种类型的超链接。超链接只有在幻灯片放映时才能激活使用，在放映时就可以轻松地链接到需要的内容。为幻灯片添加超链接的具体操作方法如下。

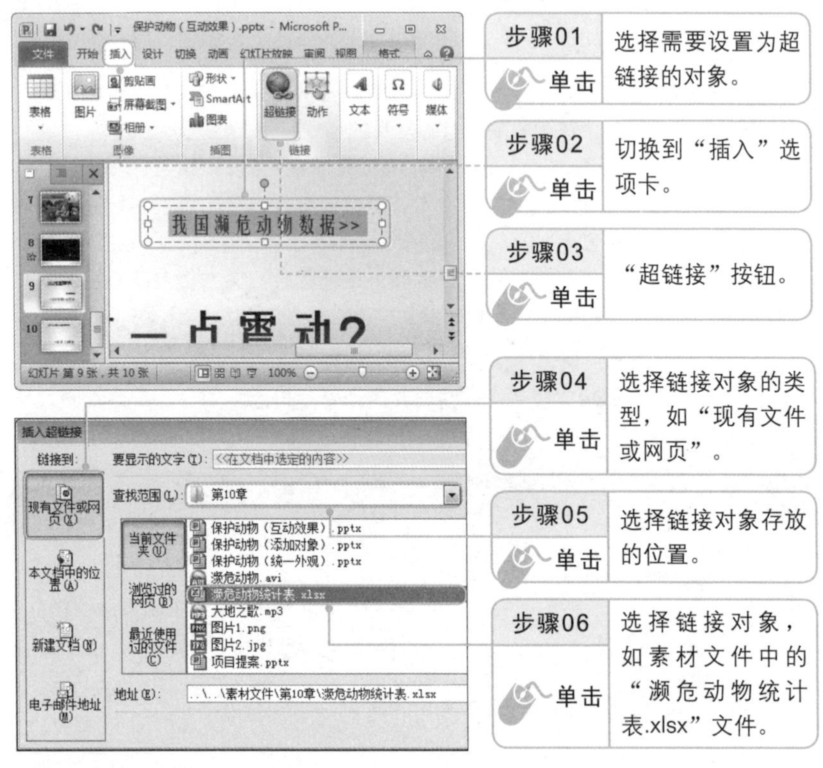

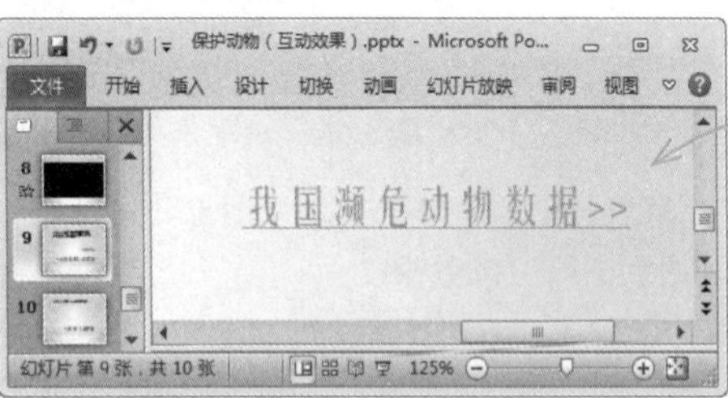

为文本设置链接后，文本会以主题颜色突出显示，并出现下画线

新手注意

在添加超链接时，还可以先选择一个文本框、一个占位符、一张图片或一个图形进行设置。

10.4.2 插入动作按钮

动作按钮是 PowerPoint 中预先设置好的一组带有特定动作的图形按钮，这些按钮被预先设置为前一张、后一张、第一张、最后一张幻灯片、播放声音及播放电影等链接，应用这些预置好的按钮，可以在放映幻灯片时实现跳转的目的。插入动作按钮的具体操作方法如下。

步骤01 单击	切换到“插入”选项卡。
步骤02 单击	“形状”下拉按钮。
步骤03 单击	在“动作按钮”区域中选择“动作按钮：自定义”。

步骤04 绘制	按下鼠标左键，拖动鼠标绘制出动作按钮。

步骤05 单击	在自动弹出的“动作设置”对话框中单击“超链接到”下拉按钮。
步骤06 单击	选择链接目标，如“幻灯片”。

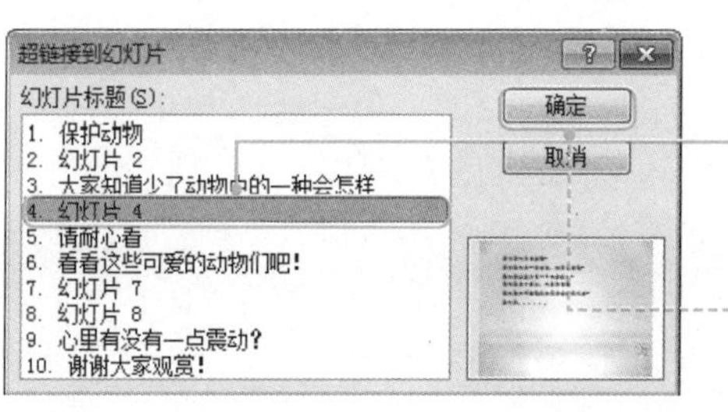

步骤07 单击	选择需要链接到的幻灯片。
步骤08 单击	“确定”按钮。

步骤09	返回“动作设置”对话框，单击“确定”按钮。

将已有对象设置为动作按钮

选择幻灯片中已有的对象，如文本、图形、图片等对象，在“插入”选项卡下方单击“动作”按钮，可以打开“动作设置”对话框，为选中的对象设置动作链接。

本章学习小结

本章主要针对使用 PowerPoint 2010 制作演示文稿的初学者，系统全面地讲解了一个完整PPT的制作方法。首先为读者介绍编辑幻灯片的基础操作；接着讲解在幻灯片中添加与编辑各种幻灯片内容的方法；然后讲解如何设置演示文稿外观；最后讲解制作交互式幻灯片的知识。

Chapter 11

灵活展示PPT成果——幻灯片的放映与输出

本章导读

创建演示文稿的目的不是为了存储信息，而是通过演示文稿的放映将内容展现出来，体现演讲者的意图。因此，PowerPoint 2010提供的很多功能，如插入媒体文件、添加动画等，只有在放映时才能观赏到效果，本章将为读者介绍演示文稿的放映和输出。

知识要点

◎ 学会为幻灯片设置播放效果
◎ 懂得用不同的方法放映幻灯片
◎ 掌握幻灯片的输出方法

11.1 设置幻灯片播放效果

在 PowerPoint 中，既可以为幻灯片设置播放效果，也可以为幻灯片中的各个对象设置动画效果。

光盘路径		
	素材文件	素材文件 \ 第 11 章 \ 保护动物（设置播放效果）.pptx
	结果文件	结果文件 \ 第 11 章 \ 保护动物（设置播放效果）.pptx
	教学视频	教学视频 \ 第 11 章 \11-1.mp4

11.1.1 为幻灯片添加切换效果

为幻灯片设置切换效果，可以使幻灯片之间的过渡充满动感，而且更加自然。下面就来介绍设置幻灯片切换效果的方法。

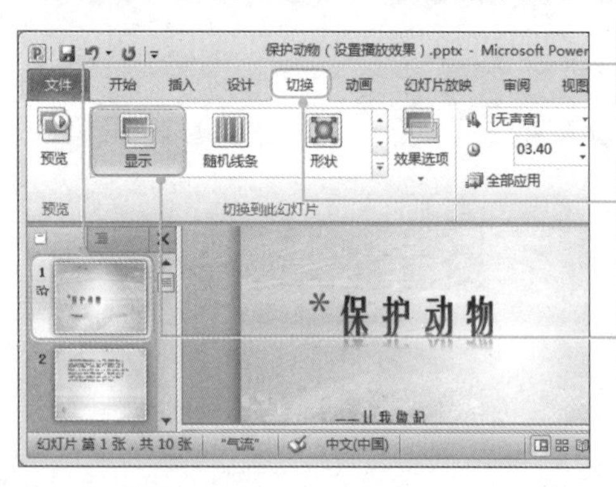

步骤01 单击 需要添加切换效果的幻灯片。

步骤02 单击 切换到“切换”选项卡。

步骤03 单击 选择幻灯片切换效果，如“显示”。

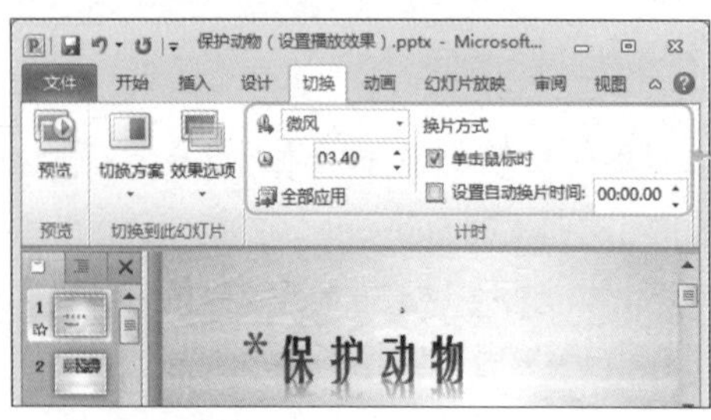

步骤04 设置 幻灯片切换声音、切换时间和切换方式。

高手点拨

快速为所有幻灯片设置切换效果

单击“计时”功能组中的“全部应用”按钮，可以快速将演示文稿中的所有幻灯片设置为与当前幻灯片相同的切换效果。

11.1.2 为幻灯片中的对象添加动画效果

动画是为文本或对象添加的特殊视觉或声音效果，它是演示文稿中常用的强调和辅助表现手段。

1. 选择动画效果

用户可以先选择幻灯片中的对象，然后选择一种预设的动画效果，就可以为当前选择的对象添加相应的预设动画效果，具体操作方法如下。

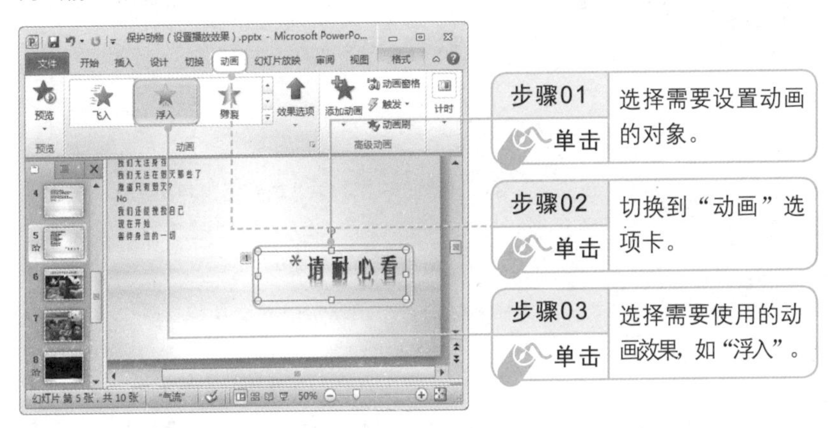

2. 设置动画播放顺序

在为幻灯片中的多个对象添加动画效果时，添加效果的顺序就是幻灯片放映时的播放顺序。当幻灯片中的对象较多时，难免在添加效果时使动画次序发生错误。这时，可以在动画效果添加完成后，再对其进行重新调整，具体操作方法如下。

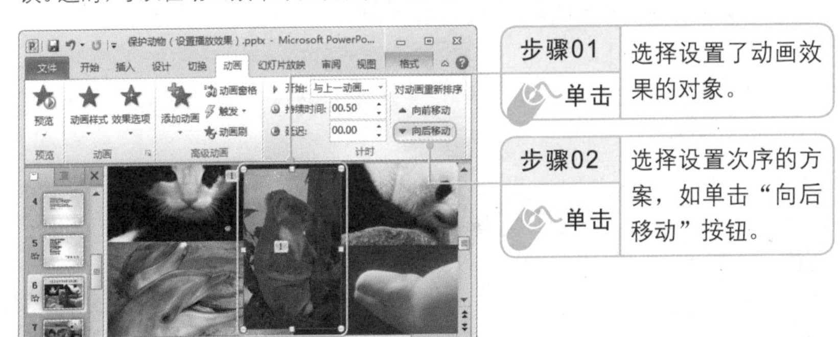

新手注意

在“计时”功能组中还可以设置动画开始方式、持续时间、延迟等选项。

11.2 放映幻灯片

演示文稿制作完成后，需要通过放映展现出来。如何放映演示文稿，在放映时如何灵活控制，是需要掌握的重点内容。

光盘路径		
	素材文件	素材文件＼第 11 章＼产品介绍（放映幻灯片）.pptx
	结果文件	结果文件＼第 11 章＼产品介绍（放映幻灯片）.pptx
	教学视频	教学视频＼第 11 章＼11-2.mp4

11.2.1 选择放映幻灯片的方式

在“幻灯片放映”选项卡下的“开始放映幻灯片”功能组中包括“从头开始”、“从当前幻灯片开始”、“广播幻灯片”和“自定义幻灯片放映”4 种方式，具体介绍如下。

- 从头开始：指无论选择哪张幻灯片，播放时都会从第一张幻灯片开始放映。
- 从当前幻灯片开始：指播放幻灯片时从当前选定的幻灯片开始放映。
- 广播幻灯片：将幻灯片发布到 PowerPoint Broadcast Service 服务器上，使用户能够与任何人、在任何位置轻松共享演示文稿。只需发送一个链接并单击一下，所邀请的每个人就能够在 Web 浏览器中观看同步的幻灯片放映，即使没有安装 PowerPoint 2010 也不受影响。
- 自定义幻灯片放映：可以设置需要播放的幻灯片，或调整幻灯片的播放顺序等操作。

了解了幻灯片放映类型的功能后，下面以自定义幻灯片放映为例介绍放映幻灯片的操作。

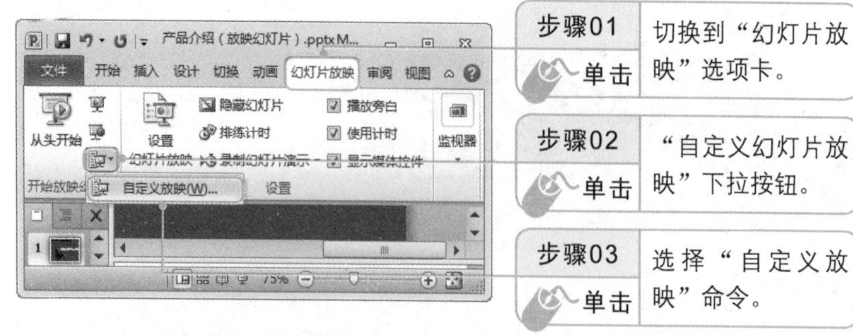

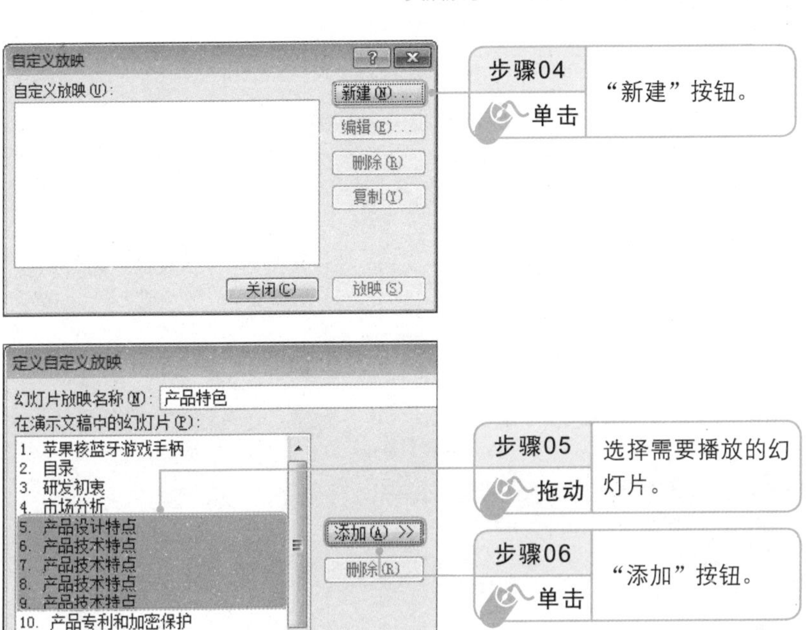

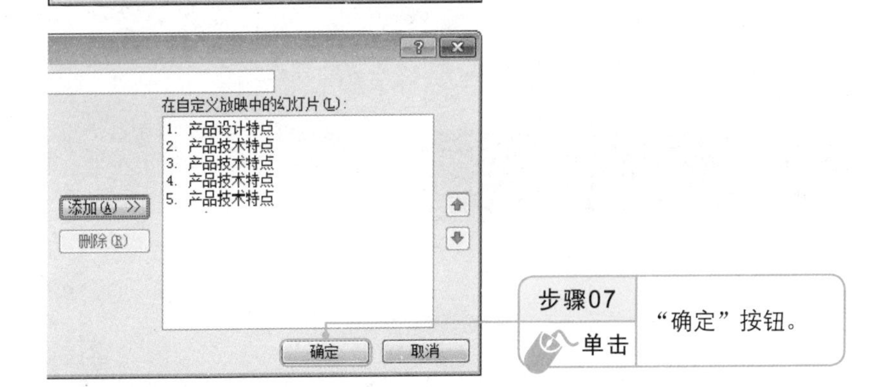

步骤08 完成上述操作后，返回“自定义放映”对话框，单击“放映”按钮，即可开始放映选定的幻灯片。

高手点拨

隐藏幻灯片

如果在放映演示文稿时，不希望某张幻灯片出现，最简单的方法是将其隐藏。操作步骤非常简单：选择要隐藏的幻灯片，单击“设置”功能组中的“隐藏幻灯片”按钮 隐藏幻灯片 即可。

11.2.2 设置观众自行浏览

演讲者放映模式是 PowerPoint 2010 默认的幻灯片放映类型，也是最常用的放映类型。如果创建演示文稿的目的不是为了集中演讲，而是让观众自行浏览，那么需要进行相关设置，具体操作方法如下。

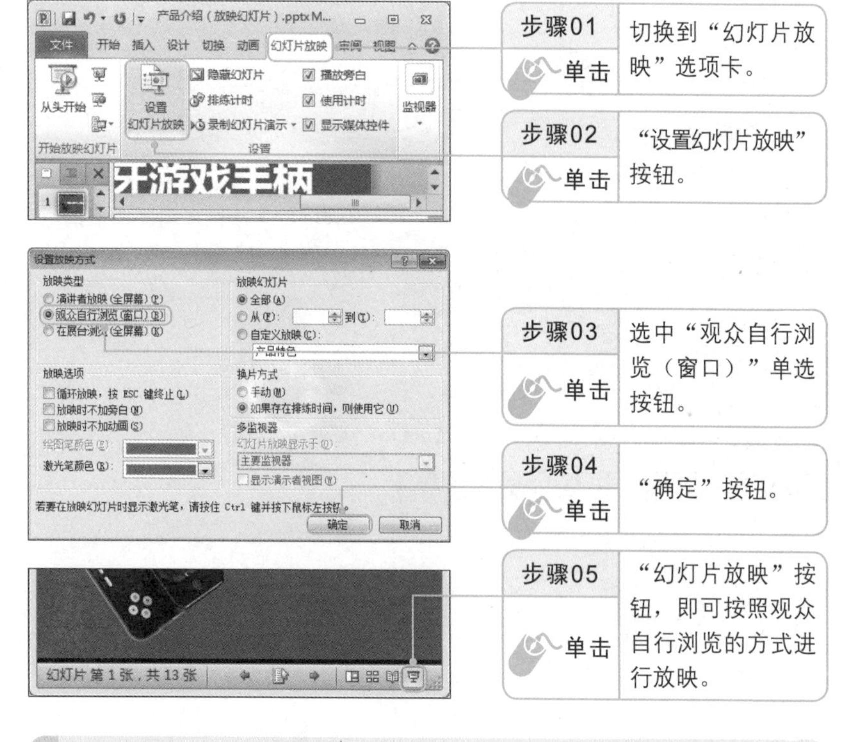

11.2.3 使用排练计时功能自动播放演示文稿

如果演示文稿是用于自动放映，那么最佳方式是通过使用排练计时功能模拟演示文稿的播放过程，从而自动记录每张幻灯片播放的持续时间，达到自动播放演示文稿的效果，具体操作方法如下。

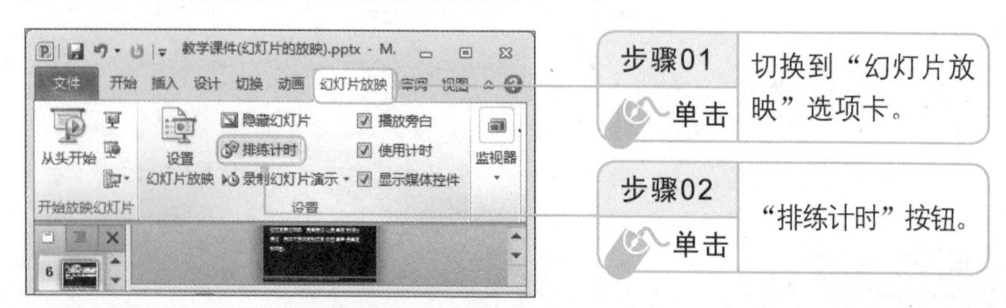

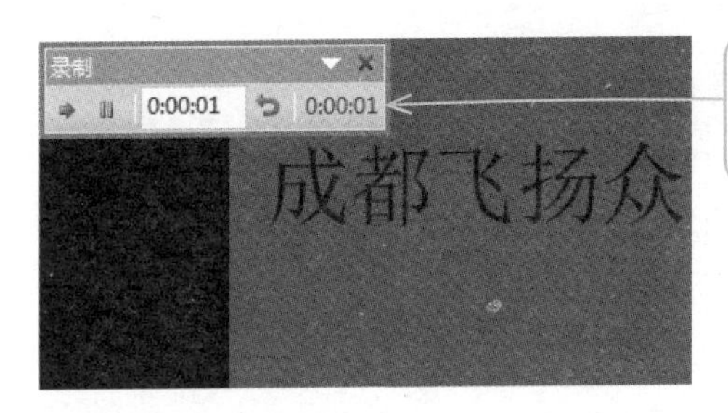

进入放映状态后，屏幕左上角会出现一个“录制”窗格，使用它可以控制幻灯片的排练计时

新手注意

当前幻灯片录制完成后，在“录制”窗格中单击“下一项”按钮，可以继续设置下一张幻灯片的播放时间，直至设置完最后一张幻灯片。若在排练过程中出现差错，可以单击“录制”窗格中的“重复”按钮，以便重新开始当前幻灯片的排练计时；如果单击“录制”窗格中的“暂停”按钮，可以暂停当前排练，对话框中的计时器将暂停，若需要继续，则再次单击“暂停”按钮。

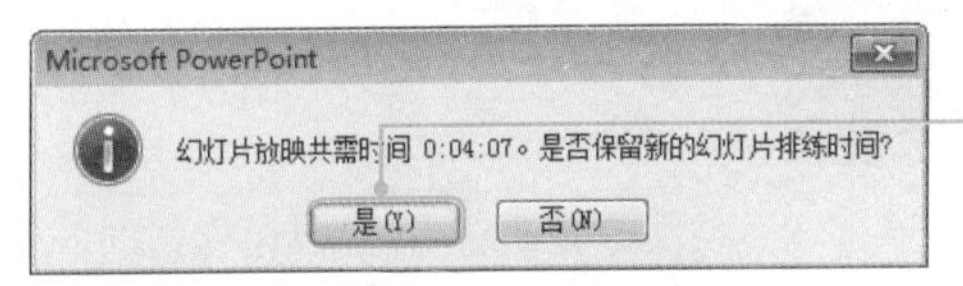

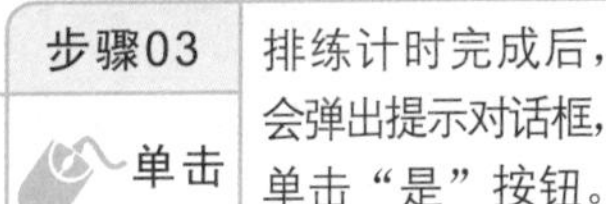

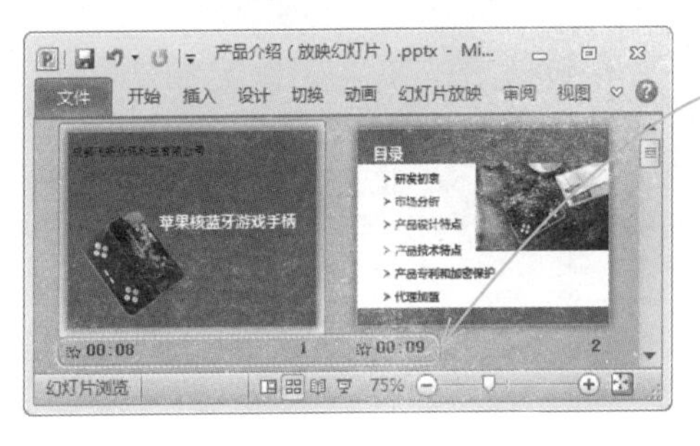

进入幻灯片浏览视图，在每张幻灯片下方会显示计时时间

11.2.4 控制幻灯片放映

在演讲者放映演示文稿的时候，也可以对幻灯片进行操作，如在幻灯片之间实现跳转、为幻灯片添加标注等。

1. 在幻灯片之间跳转

在放映演示文稿时，通过屏幕左下方的按钮，或者通过鼠标右键菜单，可以快速在幻灯片之间进行跳转，具体操作方法如下。

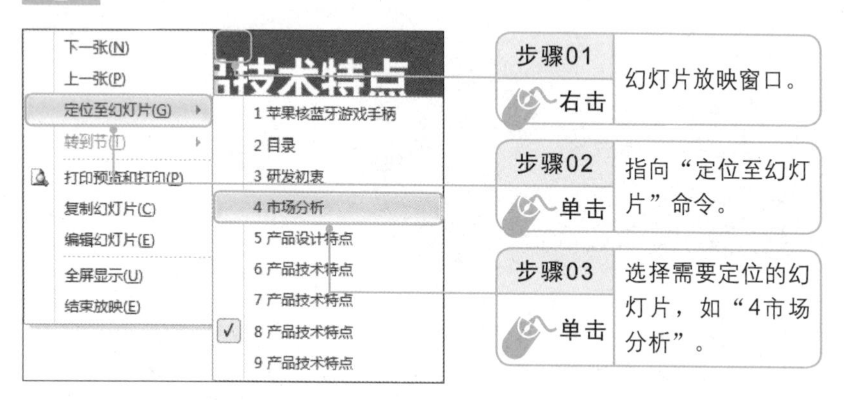

2. 为幻灯片添加标注

在放映演示文稿时，如果需要临时对幻灯片上的内容进行强调，或者为幻灯片上的对象添加标识，可以使用鼠标进行书写，具体操作方法如下。

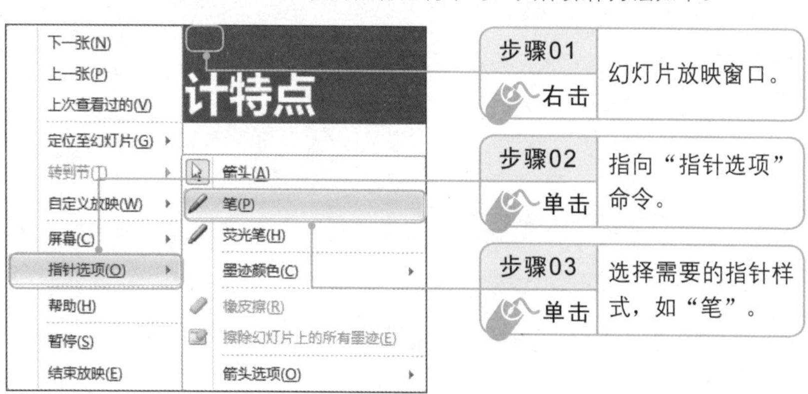

1. 蓝牙传输，无延时
2. 滑盖式设计，便携带
3. 按键力度适中，操作舒适，触发
4. 避免手指遮屏，增大可视面积

步骤04 拖动 按住鼠标左键，拖动鼠标进行标注。

步骤05 单击 退出放映状态时，单击“保留”按钮，可以将注释保留。

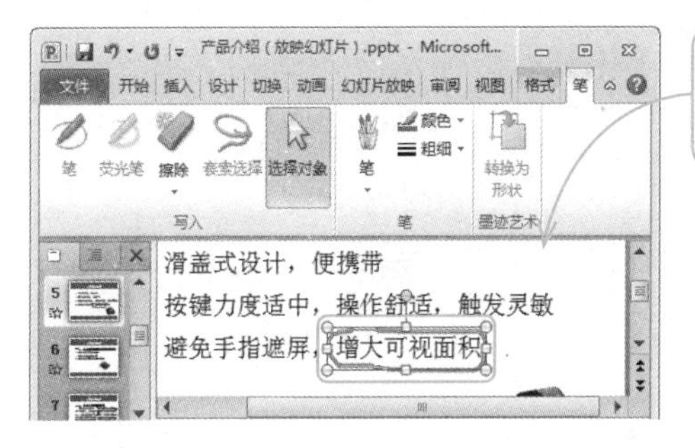

11.3 输出与打印演示文稿

在 PowerPoint 2010 中，用户可以将制作出来的演示文稿输出为多种形式，如将幻灯片进行打包、发布、打印等，以满足不同环境的需要。

 光盘路径	素材文件	素材文件\第 11 章\保护动物（输出与打印）.pptx
	结果文件	结果文件\第 11 章\打包演示文稿、发布演示文稿
	教学视频	教学视频\第 11 章\11-3.mp4

11.3.1 打包演示文稿

将演示文稿打包，可以将幻灯片中插入的超链接全部包含在文件内，并能够在没有安装 PowerPoint 的电脑上直接播放。将演示文稿打包的具体操作步骤如下。

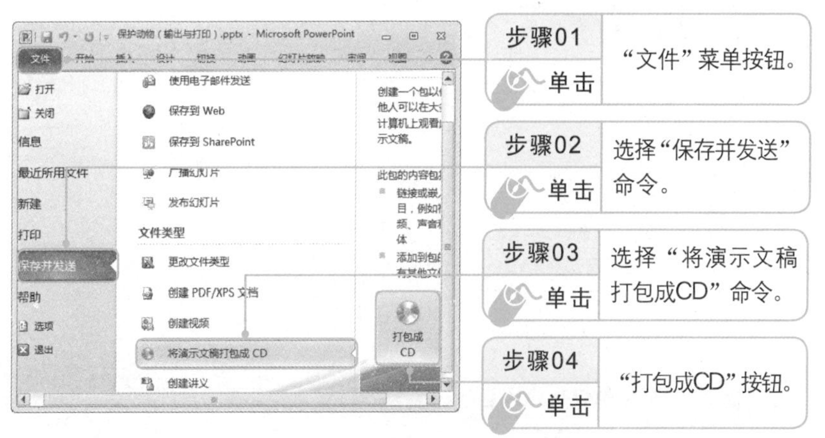

新手注意

如果电脑上安装了光盘刻录设备，并放入了空白光盘，可以单击“复制到CD”按钮，直接将演示文稿的数据刻录到光盘上。

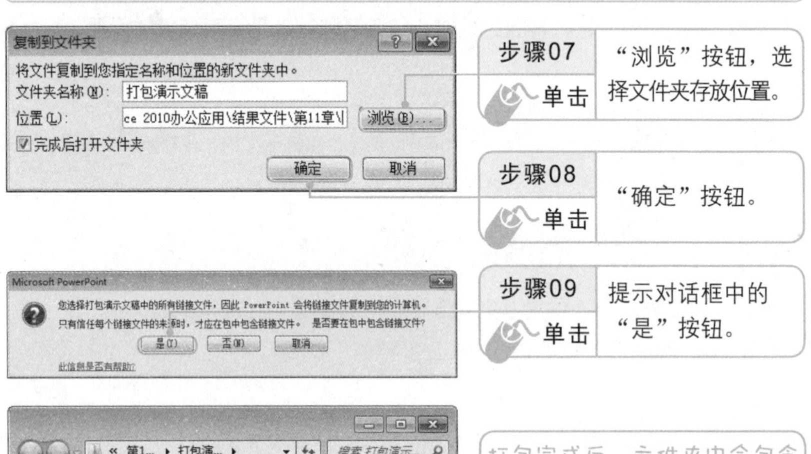

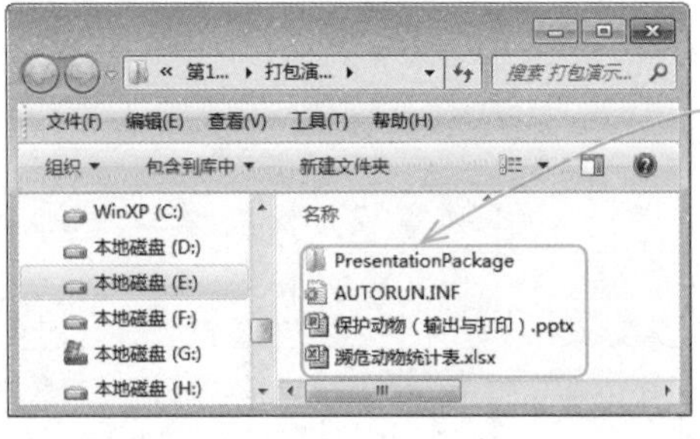

打包完成后，文件夹中会包含演示文稿文件、链接文件等多个文件和文件夹

11.3.2 发布幻灯片

幻灯片发布到幻灯片库中后，在需要的时候可以将其从幻灯片库中调出来使用。发布幻灯片的具体操作如下。

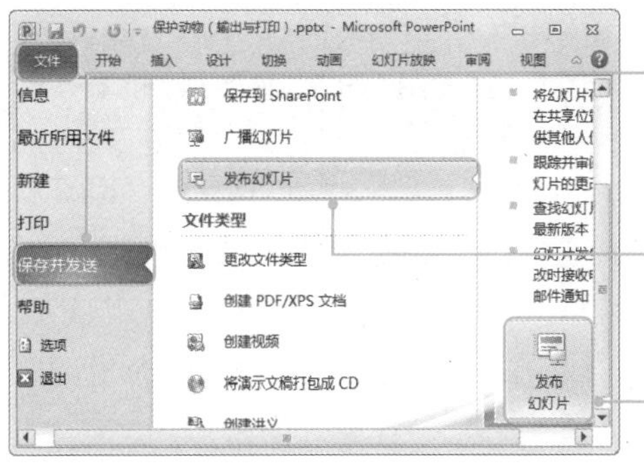

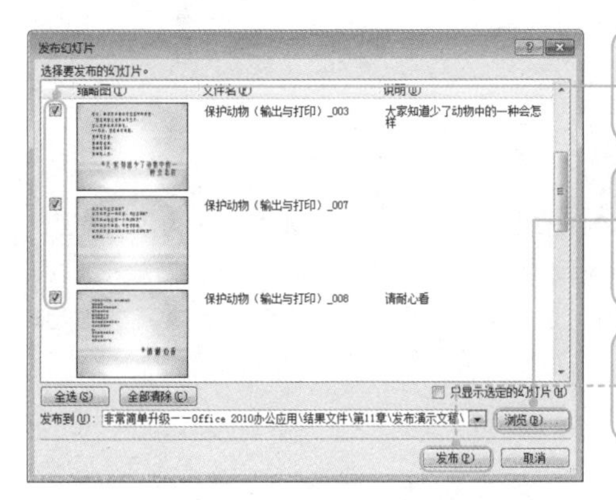

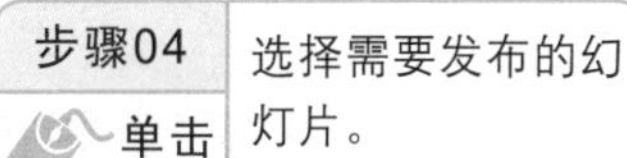

步骤05 单击 “浏览”按钮，选择要发布的幻灯片保存的位置。

步骤06 单击 “发布”按钮。

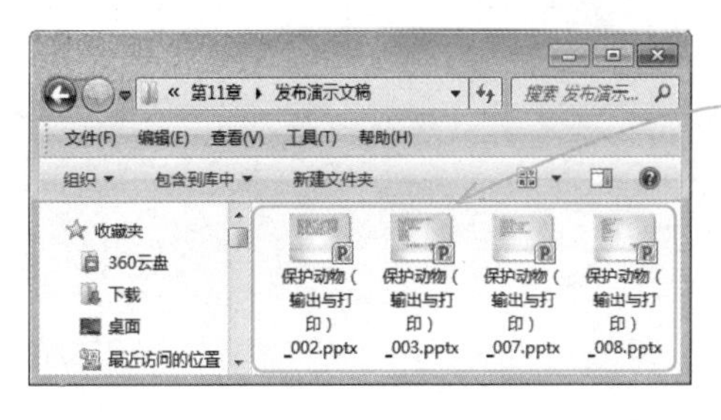

发布幻灯片后，程序会自动将原来演示文稿中的幻灯片单独分配到一个独立的演示文稿中

11.3.3 打印幻灯片

用户将幻灯片制作好以后，如果需要以书面形式呈现，可以将其用纸张打印出来。打印幻灯片的具体操作方法如下。

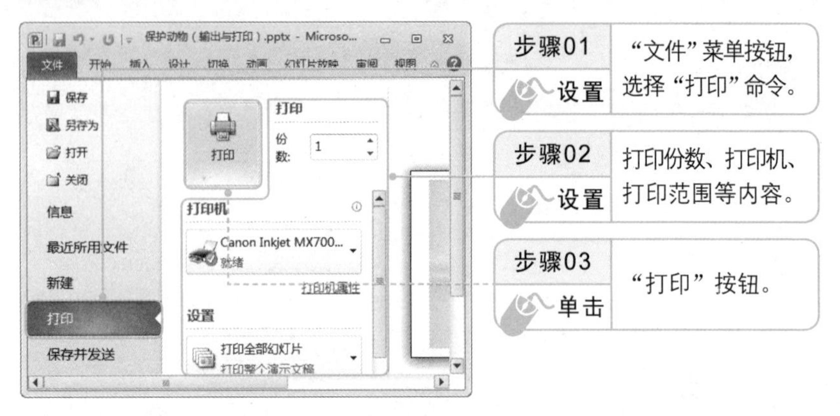

本章学习小结

幻灯片的编辑方法在前面的章节中已经介绍完了，本章主要为读者介绍展示 PPT 成果的方法。首先讲解如何为幻灯片添加切换效果和播放动画；然后为读者介绍多种不同的幻灯片放映方式；最后介绍多种演示文稿的输出方法。